炼油工业技术知识丛书

油品储运技术

陈保东　马贵阳　主编

中国石化出版社

内 容 提 要

本书着重介绍油品的储存和运输及其相关方面的知识,书中内容包括油品的基础知识、油库和油库的布局、储油罐分类及附件、油品加热及保温、油品的装卸作业、油品的输送方式、输油管道设计与管理和油品计量基础知识等。

本书适用于从事油品储运工作的操作人员学习,还可作为技术人员的参考资料。

图书在版编目（CIP）数据

油品储运技术 / 陈保东，马贵阳主编.
—北京：中国石化出版社，2009（2025.1 重印）
（炼油工业技术知识丛书）
ISBN 978 - 7 - 80229 - 974 - 0

Ⅰ. 油… Ⅱ. ①陈…②马…③吴…④王… Ⅲ. 石油产品 - 石油与天然气储运 Ⅳ. TE8

中国版本图书馆 CIP 数据核字（2009）第 096168 号

中国石化出版社出版发行
地址:北京市东城区安定门外大街 58 号
邮编:100011 电话:（010）57512500
发行部电话:（010）57512575
http://www.sinopec-press.com
E-mail:press@sinopec.com
北京艾普海德印刷有限公司印刷
全国各地新华书店经销

*

850×1168 毫米 32 开本 8.125 印张 208 千字
2025 年 1 月第 1 版第 4 次印刷
定价:25.00 元

《炼油工业技术知识丛书》
编　委　会

序

随着我国石油化学工业的不断发展，炼油技术也在不断进步，炼油企业管理水平不断提高。与之相应，炼油行业十分迫切需要既掌握炼油理论知识、又拥有丰富生产经验和较高技术管理水平的技术人员与管理队伍。近些年来，在石化企业中，由于很多老职工和老技术人员相继退休，离开了工作岗位，取而代之的是一大批年轻职工和许多参加工作不久的技术和管理人员。他们走上炼油行业关键技术和管理岗位后，迫切需要补充炼油技术知识。

为了确保装置安稳长满优运转，提高炼油企业的国际竞争能力，提高职工队伍的整体素质，造就一大批懂管理、懂技术的人才，非常有必要在广大炼化企业职工中大力传播专业技术知识，推广科学技术，营造比学赶帮超的良好学习氛围。为了适应这一需要，中国石化股份公司炼油事业部和中国石化出版社及时组织编写了《炼油工业技术知识丛书》。

参加该丛书编写的作者来自于各炼化企业、科研院所和大专院校，他们都是石油化工领域的专家和长期工作在生产一线的技术骨干。在编写过程中，他们将自己的丰富学识与多年的生产实践经验相结合，并查阅大量文献资料，精心编写。可以说，这套丛书的每一分册都是作者的智慧结晶。丛书按装置和专业设分册编写、出版，既考虑炼油厂装置的实际情况，也考虑炼油企业岗位不同工种的学习需要。在介绍基本理论、基本知识的基础上，紧密结合炼油企业生产和技术管理的实际，注重理论与实践相结合。在文字表述方面，力求通俗易懂，深入浅出。

纵观丛书，最大的特色是理论与实际相结合，且系统性强，基本上涵盖了炼油工业技术的基础知识。该丛书的出版发行，有利于普及炼油工业技术知识，有利于提高炼油企业职工素质，有利于总结生产经验，能更好地为炼油装置的安稳长满优运行服务。我相信，《炼油工业技术知识丛书》的出版，将为行业内人员提供一套比较完整的炼油技术知识参考书，在加强技术传播、促进技术交流、推广技术应用、指导生产实践等方面会起到积极的作用，得到广大炼油行业从业人员的热烈欢迎。

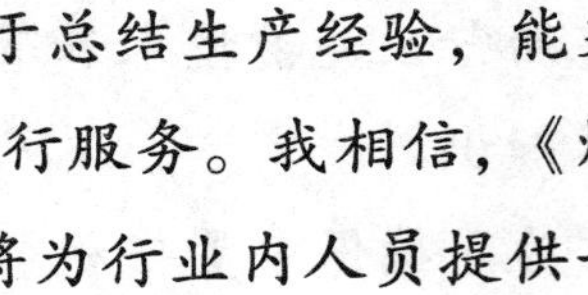

中国工程院院士

前　言

油气储运是研究油气储存、运输及管理的交叉性高新技术学科。我国有丰富的油气资源，原油产量在世界上排名第4位，随着西气东输和国家十一五规划的实施，油气储运工程在国民经济中发挥着愈来愈重要的作用。

本书着重介绍油品的储存和运输及其相关方面的知识，书中内容包括油品的基础知识、油库和油库布局、储油罐分类及附件、油品加热及保温、油品的装卸作业、油品的输送方式、输油管道设计与管理和油品计量基础知识等。

本书适用于从事油品储运工作的操作人员学习，亦可作为技术人员的参考资料。

本书由辽宁石油化工大学陈保东、马贵阳教授主编，吴玉国和王昆同志参加了本书的编写工作。另外，本书在编写过程中得到了相关单位的大力支持。更要感谢支持并鼓励本书编写和出版的同志。

油品储运技术在不断发展，书中所介绍的内容可能与目前现场技术或方法有所差别，望读者见谅。本书的编写参阅和研究了许多资料，主要参考文献列于书后，在此对文献作者表示衷心感谢。由于编者水平所限，书中难免有不妥之处，敬请读者批评指正。

编者

目 录

第一章　油品基础知识

第一节　石油的组成

一、石油的一般性状

石油是原油及其加工产品的总成。原油是从很深的地球底层内开采来的一种天然的可燃液体矿物。通常是黑色或褐色的流动或半流动的黏稠液体。其相对密度一般小于1，绝大多数介于0.80～0.98之间。但也有个别例外，如伊朗某原油相对密度高达1.016，美国加利福尼亚州的原油相对密度低到0.707。世界各地所产的原油在性质和颜色上都有不同程度的差异。如：我国四川盆地开采出来的原油是黄绿色的，玉门原油是黑褐色的，大庆原油则是黑色的。

许多原油都具有浓烈的气味，这是由于它含有一些有臭味的硫化物。我国原油一般含硫量都较低，只有胜利油田的原油含硫量稍高。

表1－1为我国部分油田原油的一般性质，表1－2为国外部分油田原油的一般性质。与国外原油相比，我国主要油田原油的凝点与含蜡量都比较高，沥青质含量较低，属于偏重的常规原油。

表1－1　我国部分油田原油的一般性质

原　油	大庆	胜利	辽河	新疆吐哈	任丘	中原
密度(20℃)/(g/cm^3)	0.8554	0.9005	0.9204	0.8197	0.8837	0.8466
运动黏度(50℃)/(mm^2/s)	20.19	83.36	109.0	2.72	57.1	10.32
凝点/℃	30	28	17	16.5	36	33
含蜡量/%	26.2	14.6	9.5	18.6	22.8	19.7
沥青质/%	0	5.1	0.17	0	2.5	0

表 1-2 国外部分油田原油的一般性质

原 油	沙特（轻质）	伊朗（轻质）	科威特	阿联酋	伊拉克	印尼
密度(20℃)/(g/cm^3)	0.8578	0.8531	0.9204	0.8239	0.8559	0.8456
运动黏度(50℃)/(mm^2/s)	5.88	4.91	7.31	2.55	6.50	13.4
凝点/℃	-24	-11	-20	-7	-15	34
含蜡量/%	3.36		2.73	5.16		
沥青质/%	1.48	0.64	1.97	0.36	1.10	0.28

二、石油的元素组成

对于原油这样复杂的混合物，其外表特征与石油的化学组成有密切的关系，为了较深刻地认识石油，必须研究其化学组成。而化学组成的基础是元素组成，所以首先应考查原油的元素组成。

世界上不同油区所产的原油在组成和性质上差别很大，即使在同一油区不同油层和油井的原油在组成和性质上也可能有很大差别。但组成原油的元素主要有碳、氢、氧、氮和硫。

表 1-3 是某些石油的元素组成。可以看出，组成原油的最主要元素是碳和氢，占 96% ~99%。一般来说，原油中碳氢原子比则能反应原油的属性：轻质原油或石蜡基原油，氢碳原子比较高，而重质原油或环烷基原油其碳氢原子比较低。

大部分原油中硫、氧、氮总量不超过 5%，但也有少数原油中的硫、氮、氧含量较高，如墨西哥原油含硫 3.6% ~5.3%。大多数原油含氮甚少，约千分之几到万分之几，但个别原油如美国加利福尼亚州原油含氮量达 1.4% ~2.2%。

表 1-3 数据表明，与国外原油相比，我国原油含硫量较低、含氮量较高。从元素组成上看，含硫低、含氮高是我国原油的特点之一。

表 1-3 部分石油的元素组成

元素组成/%	C	H	O	S	N
大 庆	85.74	13.31		0.11	0.15
胜 利	86.26	12.20		0.80	0.41
新 疆	86.1	13.2	0.28	0.94	0.25
伊 朗	85.4	12.8	0.74	1.06	
印 尼	85.5	12.4	0.68	0.35	0.13

三、石油的化合物组成

原油中碳原子数从 1 到 1000，是非常复杂的有机化合物的混合物。因此其中它包括烃类和非烃类。这些烃类和非烃类的结构和含量决定了原油及其产品的性质。

1. 石油中的烃类化合物

由碳和氢两种元素组成的化合物称为碳氢化合物，简称为烃。石油中有各种不同的烃类，按其结构可分为烷烃、环烷烃、芳香烃和烯烃。一般原油中不含有烯烃，而二次加工的部分石油产品中含有数量不等的烯烃。

(1) 烷烃

烷烃，是只有碳碳单键的链烃，是最简单的一类有机化合物，是组成石油的基本组分之一。石油中的烷烃总含量一般约为40% ~50%。在某些石油中烷烃含量则达到 50% ~70%，然而也有一些石油的烷烃含量却只有 10% ~15%。我国石油的烷烃含量一般较高，随着馏分变重，烷烃含量减少。

烷烃以气态、液态和固态三种形式存在于石油中。

在常温下，分子中含有 1 ~4 个碳原子的称为低分子烷烃，其中包括甲烷、乙烷、丙烷及丁烷。它们在常压下为气态，是石油气的主要组分。甲烷、乙烷可作为燃料。

含 5 ~15 个碳原子的烷烃是液态，它们是液态石油产品汽油、煤油、柴油和润滑油的组成部分。

含 16 个碳原子以上的正构烷烃为固态，气熔点随相对分子质量增加而升高。固态烃有石蜡和地蜡之分。石蜡主要组成为正构烷烃，地蜡主要由环状烃组成。

（2）环烷烃

环烷烃是指分子结构中含有一个或者多个环的饱和烃类化合物。其分子中碳原子连成环状，故称之为环烷烃。它是石油中第二种主要烃类，石油中所含的环烷烃主要是五元环与六元环的环烷烃，有的还含有少量的单环、双环和多环。部分含有芳香环，这类环烷烃称为混合环状烃。

（3）芳香烃

芳香烃简称“芳烃”，通常指分子中含有苯环结构的碳氢化合物。根据结构的不同可分为三类：单环芳香烃、稠环芳香烃、多环芳香烃。芳香烃在石油中的含量通常比烷烃和环烷烃的含量少。这类烃在不同石油中总含量的变化范围相当大，平均为10%～20%。芳香烃在有机化学工业里是最基本的原料。现代用的药物、炸药、染料，绝大多数是由芳香烃合成的。

芳香烃的代表物是苯及其同系物，以及双环和多环化合物的衍生物。在石油低沸点馏分中只含有单环芳烃，且含量较少。而在石油高沸点馏分中有四环及多于四环的芳香烃。这是由于随着馏分沸点的升高，芳香烃含量增多，而且芳香烃环数、侧链数目及侧链长度增加。

2. 石油中的非烃化合物

烃类是石油的主要组成部分，此外还含有相当数量的非烃类有机物。硫、氧、氮元素，这些元素虽然在石油中通常只占1%左右，但是其构成的化合物含量却高达10%～20%。石油中的非烃化合物主要包括含硫、含氮、含氧化合物和胶状沥青状物质。这些非烃化合物在石油中的含量比较大，尤其在石油重质馏分和减压渣油中的含量更高。非烃化合物的存在对于石油的加工工艺以及石油产品的使用性能都有很大的影响。

（1）含硫化合物

石油中的硫含量随原油产地的不同差别很大，原油中含天然石油含硫一般低于0.5%，但也有少数石油中的硫含量较高。石油中含硫化合物的多少，一般与其族组成有关，含烷烃和环烷烃多的石油，其含量较低；含芳香烃和胶质较多的石油，其硫含量较高。

按化学组成，石油中的含硫化合物是很不一样的。硫在石油中存在的形态包括处于溶解或胶体状态的元素硫；有溶解状态的硫化氢、硫醇、硫醚和多硫化物、环状硫化物和噻吩衍生物等。因此这些硫化物按照性质可分为活性硫化物和非活性硫化物两大类。

活性硫化物主要包括元素硫、硫化氢以及硫醇等，它们对金属设备具有较强的腐蚀作用。活性硫化物除了元素硫和硫化氢很少之外，原油中硫醇的含量不多，它一般多存在于汽油馏分中，在350℃以上的馏分中含量更少，它具有极难闻的气味。

非活性硫化物主要包括硫醚、二硫化物和噻吩等对金属设备无腐蚀作用的硫化物，其中一些非活性硫化物受热分解后会变成活性硫化物。硫醚是石油中含量很大的硫化物，它们往往占石油轻质馏分和中间馏分中的硫含量的50%～70%。硫醚的热稳定性和化学稳定性较高，与金属不起作用。二硫化物在石油馏分中的含量很少，一般不超过该馏分硫含量的10%，并且多集中于高沸点馏分中。其化学性质与硫醚很相似，但热稳定性较差，在加热时很易分解为硫醇，硫化氢和烯烃。噻吩及其同系物是石油中主要的一类含硫化合物，一般存在于石油的中沸点和高沸点馏分中。它的化学性质不活泼，热稳定性较高。

（2）含氧化合物

石油中的氧含量随产地不同而异，一般为千分之几，但含量一般很少，个别石油可高达2%～3%。石油中的氧化物大部分在高沸点馏分中，以有机含氧化合物的形式存在的，主要分为酸性含氧化合物和中性含氧化合物两大类。

石油中的含氧化合物主要以酸性含氧化合物为主，其中环烷酸、芳香酸、脂肪酸和酚类等，为酸性含氧化合物，它们总称为石油酸。石油中酸性含氧化合物的含量一般用酸值(酸度)来表示，酸性含氧化合物的含量越高，则其酸值就越大。石油酸中主要是环烷酸，占石油酸性含氧化合物的90%左右，而脂肪酸、芳香酸和酚类的含量很少。环烷酸为难挥发的无色油状液体，有强烈的臭味，不溶于水，呈弱酸性，易与碱反应生成盐，因此环烷酸会腐蚀金属设备。

中性含氧化合物包括醇、酯、醛和苯并呋喃等，它们的含量非常少。

(3) 含氮化合物

大多数石油含氮量一般比硫含量低，通常在0.05%~0.5%之间。世界上目前原油含氮量最低为0.02%，最高为0.77%。我国原油是含氮量偏高的原油，范围在0.1%~0.5%之间。含氮化合物和其他非烃化合物相同，在石油各馏分中的分布也是不均匀的，石油中的氮分布一般随沸点的升高而增加，约有80%的氮集中在400℃以上的重油中。

石油中的含氮化合物可分为碱性和非碱性含氮化合物两类，碱性含氮化合物指在冰醋酸和苯的样品溶液中能够被高氯酸-冰醋酸滴定的含氮化合物，反之为非碱性含氮化合物。碱性氮化物包括吡啶、喹啉等化合物的同系物。非碱性含氮化合物大都是吡咯、咔唑等化合物的同系物。非碱性含氮化合物主要集中在石油较重的馏分和渣油中，其性质不稳定，容易被氧化和聚合，是导致石油二次加工油品颜色变深和产生沉淀的主要原因。

(4) 胶状沥青状物质

胶状沥青状物质由于其结构复杂，组成不明，人们只能根据其外观形状为其命名。石油中的大部分的元素都存在于胶状沥青状物质中，它是由大分子的非烃类化合物组成，一些相对分子质量很高，并且它是分子中杂原子不止一种的复杂化合物，因此通称为胶状沥青状物质，一般将其分为胶质和沥青质两部分。

沥青质是深褐色或黑色的非晶态固体。石油中的沥青质全部集中在渣油馏分中。胶质是褐色至棕色的黏稠且流动性很差的物质，密度稍大于1。而且具有很强的着色能力。胶质是一个不稳定的物质，在常温下易被空气氧化而缩合为沥青质。

石油中胶质和沥青质从分子结构来看，主要是以多个芳香环组成的稠合的芳香环为核心，周围连接有若干个环烷环。它们的挥发性不大，当石油蒸馏时它们主要集中于渣油中。胶质和沥青质在石油中的含量，多时可达30%～40%（重质含胶石油），少时也在5%～10%（轻质石油）。就其元素组成来说，除了碳、氢及氧以外，还有硫、氮和某些金属。

第二节　石油及其产品的物理性质

石油及其产品是各种烃类和非烃类的复杂混合物，其物理性质是组成它的各种化合物物理性质的综合表现。石油及其产品的物理性质是评定产品质量和控制生产过程的重要指标。它们之中有的性质有可加性，但大多数不具有可加性，所以对石油及其产品的物理性质是采用规定的，使用特定的仪器并按实验条件测定。离开了专门的仪器和规定的实验条件，所测油品的性质数据没有可比性，更没有任何意义。

一、蒸气压

石油的蒸气压是指在液体的表面存在着该物质的蒸汽，当达到某一温度时，液体与其液面上的蒸气呈平衡状态，这时蒸气所产生的压力称为饱和蒸气压，简称为蒸气压。蒸气压表示液体在一定温度下气化或蒸发的能力，蒸气压越高的液体就越容易汽化。在油品储运、石油加工过程中经常要用到蒸气压的数据。

碳氢化合物和其他纯液体一样温度愈高，则蒸气压愈高。而石油是各种烃类的复杂混合物，其蒸气压是温度和组成的函数。相同油品的蒸气压随温度的升高而增大，而当温度相同时，油品组成越轻，蒸气压也随之降低。

二、沸点与馏程

对于某一纯物质，如水在加热后会变成水蒸气，此现象称为汽化。在标准大气压下，水加热到100℃时会出现沸腾现象。对于任何纯化合物在一定外压下，当加热达到某一温度时，都会发生沸腾现象。沸腾时的温度称为沸点。在外压一定时，沸点是一个恒定值。例如在101kPa下水的沸点为100℃，乙醇的沸点为78.4℃。

石油产品由许多沸点不同的复杂成分组成。在外压一定时对石油加热，当到某一温度，轻组分的蒸气压等于外压，石油开始沸腾。轻组分汽化结束后，组分变重，为了保证油品继续沸腾就必须提高温度，使油品的蒸气压再次等于外压。所以，石油的沸点是不恒定的。

在外压一定时，用来表示油品沸点的温度范围，称为沸程又称为馏程。馏程是指以油品在规定条件下，从初馏点到终馏点的温度范围。蒸馏出来的第一滴油品的气体温度称为初馏点，蒸馏到最后所能达到的最高气体温度称为终馏点或干点。在某一温度范围内蒸馏出的馏出物称为馏分，它是一种混合物，只不过包含的组分数目少一些。温度范围窄的称为窄馏分，温度范围宽的称为宽馏分。

馏分常冠以汽油、煤油、柴油、润滑油等石油产品的名称。但必须区别，馏分并不就是石油产品，石油产品要满足油品规格要求，因此还必须将馏分进一步加工或处理，才能得到产品。同一馏程的馏分也可因目的不同加工成不同产品。各种油品的馏程大致如表1－4所示。

表1－4　各种油品的馏程

油品	汽油	灯用煤油	轻柴油	喷气燃料	润滑油	重质燃料油
馏程/℃	40～200	180～300	200～300	130～240	350～520	>520

为了解石油中各不同沸点范围内的馏分组成，实验室常用一

种比较粗略而又最简便的恩氏蒸馏装置的仪器在实验室进行测定。将原油放入该装置中进行蒸馏，经过加热、汽化、冷凝等过程，最先汽化蒸发出来的是沸点低的组分，随着蒸馏温度的不断升高，高沸点的组分也相继蒸发出来。

三、密度和相对密度

石油及其产品另一个非常重要的物理性质是其密度和相对密度，它对于油品的生产和储运都有非常重要的意义。

物质的密度是该物质在真空中单位体积的质量。一定质量的油品体积随温度的变化而变化，因此在不同温度下，同一油品的密度是不相同的，所以密度应标明温度。通常用ρ_t来表示油品在t℃时的密度。我国规定油品20℃时密度作为石油产品的标准密度，表示为ρ_{20}。

物质的相对密度是该物质的密度与参考物质的密度在各自规定的条件下之比，是无量纲的。液体油品的相对密度是其密度与规定温度下水的密度之比。因为水在4℃时的密度等于1g/cm^3，所以通常以4℃水为基准，常写为d_4^t它在数值上等于油品在t℃时的密度，因此液体油品的相对密度与密度在数值上相等。

我国及东欧国家用摄氏温度表示的相对密度是d_4^{20}，此外我国还常用$d_{15.6}^{15.6}$表示。欧美国家常采用华氏温度$d_{60℉}^{60℉}$表示。

$$d_4^{20} = d_{15.6}^{15.6} - \Delta d \qquad (1-1)$$

式中　$d_{15.6}^{15.6}$——烃类的相对密度。

在欧美各国液体相对密度常以比重指数表示，称为API度，它与$d_{15.6}^{15.6}$关系如下，随着相对密度增大，比重指数的数值下降。

$$\text{比重指数(API度)} = \frac{141.5}{d_{15.6}^{15.6}} - 131.5 \qquad (1-2)$$

四、黏度和黏温性质

流体在运动过程中会在其内部及接触面产生摩擦阻力，这种流体的属性称为黏性，它是流体最重要的属性之一。而黏度是用来表示流体流动时分子间摩擦产生阻力大小的标志。对于石油及其液体产品特别是润滑油，黏度是其评定流动性的重要指标。由于黏稠液体在流动时产生的分子内摩擦阻力较大，黏稠液体比稀薄液体流动困难。因此对于油品，馏分越重，黏度越大。

在石油及其液体产品流动及输送过程中，黏度对流量、压降等参数影响很大，因此又是工艺计算过程中必要的物理常数。

1. 黏度

黏度可用动力黏度、运动黏度、恩氏黏度、赛氏黏度和雷氏黏度等来表示。

(1) 动力黏度

面积各为 $1m^2$ 并相距 1m 的两层流体，以 1m/s 的速度作相对运动时所产生的内摩擦力，叫动力黏度。动力黏度又称绝对黏度，通常用 μ 表示。动力黏度的单位为 Pa · s。有时也常用 P (泊)来表示动力黏度，1P = 0.1Pa · s。

(2) 运动黏度

液体的动力黏度与同温度、同压力下该流体密度之比。

$$v_t = \frac{\mu_t}{\rho_t} \tag{1-3}$$

式中 v_t——运动黏度，m^2/s；

μ_t——动力黏度，Pa · s；

ρ_t——t℃时液体的密度，kg/m^3。

石油及其液体产品运动黏度测量的主要仪器是玻璃毛细管黏度计。它只能用来测定牛顿型体系的油品黏度。

(3) 恩氏黏度

恩氏黏度又叫思格勒黏度。是采用一定量的试样，在规定温度下，从恩氏黏度计流出 200mL 试样所需的时间与蒸馏水在 20℃流出相同体积所需要的时间之比。

(4) 赛氏黏度

赛氏黏度即赛波特黏度。是采用一定量的试样，在规定温度下从赛氏黏度计流出 200mL 所需的秒数，以“秒”为单位。赛氏黏度又可以分为赛氏通用黏度和赛氏重油黏度两种。

(5) 雷氏黏度

雷氏黏度即雷德乌德黏度。是一定量的试样，在规定温度下，从雷氏黏度计流出 50mL 所需的秒数，以“秒”为单位。雷氏黏度又分为雷氏 1 号和雷氏 2 号两种。

恩氏黏度、赛氏黏度和雷氏黏度都采用特定黏度计在规定条件下所测得的黏度，因此又统一称为条件黏度。

2. 黏度与温度的关系

液体的温度对其黏度有非常重要的影响。液体的黏度随温度的升高而降低，这是由于温度升高时液体分子的运动速度增大，分子间引力相对减弱引起的。油品也是一样，温度升高其黏度降低，随温度降低而升高，所以使用黏度数时应标明温度。油品黏度随温度变化的特性称为黏温特性。

油品黏度与温度的关系一般用经验式来确定：

$$(v_t + a)^{Tm} = K \tag{1-4}$$

式中 v_t——油品的运动黏度，m^2/s；

a——与油品有关的经验常数；

T——油品的绝对温度，K；

m——随油品性质而定的经验常数；

K——随油品性质而定的经验常数。

式(1－4)中与油品有关的经验常数 a，建议用 0.95，国外不少资料上取 0.8，经过对我国多种石油产品的油样进行黏度与温度关系的测定，常数 a 取 0.6 较合适。

对润滑油来说，为保持其润滑性能及冬夏季的通用性，最好在温度升高时黏度不要下降太大；而在温度降低时黏度也不过分增高，换句话说黏度随温度变化的幅度不要过大。

第三节 石油及其液体产品的特性

石油及其液体产品的储运、计量与其特性有着密不可分的关系，针对这些特性，可以做好石油储存、运输和销售等工作。石油及其产品的特性有以下几点。

一、爆炸性

油气发生爆炸是在瞬间完成的，可产生巨大冲击波的气体燃烧。油品的爆炸性指的是当混合气中油气浓度达到一定范围时，遇火会立即发生爆炸。

这个爆炸的浓度范围，称为爆炸极限，通常用体积百分数来表示。其中发生爆炸的最低油气浓度称为爆炸下限；而发生爆炸的最高油气浓度称为爆炸上限。油品在爆炸下限到爆炸上限范围，遇有引爆火源时都有爆炸危险。低于爆炸下限油气不够，不会爆炸也不燃烧；浓度高于爆炸上限时空气不足，油品同样也不会爆炸，但能燃烧。

二、燃烧性

石油及其液体产品有着容易燃烧的特性，尤其是石油液体产品绝大多数都用作燃料。因此主要用闪点、燃点与自燃点来衡量这一特性。

1. 闪点

闪点是指在规定的试验条件下，石油及其液体产品或可燃性物质的蒸气同空气的混合物在有火焰接近时，闪出火花并立即熄灭的最低温度。在闪点温度下，只能使石油及其液体产品蒸气与空气组成的混合物燃烧，而不能使液体油品燃烧。

可燃性液体的闪点变化规律是：随相对分子质量的增加而增高；随密度的增加而增高。随沸点的增高而增高；随蒸气压的降低而增高。可燃性液体混合物的闪点不具有加和性，高闪点液体中即使加入少量低闪点液体，也会大大降低闪点，增加火灾危险性。

测定油品闪点的方法有两种：闭杯闪点和开杯闪点。闭杯闪点，是指油品蒸发在密闭的容器中进行，对于轻质石油产品和重质石油产品都可以确定。开杯闪点是指油品蒸发在敞开的容器中进行，一般用来测定润滑油和残油等重质油品的闪点。

表1－5中列出了各种油品与空气混合时的闪点、燃点和自燃点，这些数据是实验测定的。

表1－5　油品在空气中的闪点和自燃点

名称	闪点	自燃点	名称	闪点	自燃点
汽油		510～530	重柴油	＞120	300～330
灯用煤油	28～45	280～425	润滑油	＞120	300～380
轻柴油	＞120	300～380	大庆原油	＜28	

目前，国内一般按闪点将石油产品的危险等级分为4级，见表1－6。

表1－6　液体石油产品的危险等级

类　别	闪　点	火灾危险等级	油　品
易燃液体	＜28	一级	航空汽油、车用汽油
	28～45	二级	航空煤油
可燃液体	46～120	三级	轻柴油、通用柴泊
	＞120	四级	润滑油、沥青

2. 燃点

在油品达到闪点温度以后，继续加热使油品提高温度，当达到某一温度后，出现的闪火不会立即熄灭，并且生成持续燃烧的火焰，熄灭的所经历的时间也越长，当生成的火焰不再熄灭（不少于5s）这时油品就发生燃烧。发生这种现象的最低油品温度称为燃点。

燃点一般比闪点高20℃左右。

3. 自燃点

测定油品的闪点和燃点都需要从外部引火。如果将油品隔绝空气并预先加热到一定温度，然后使它与空气相互接触，而不需要进行引火，油品会因为剧烈的氧化而产生火焰并自行燃烧，这就是油品的自燃。发生自燃的最低油温，称为自燃点。

油品的沸点越低，则越不容易发生自燃，因此自燃点也就愈高。

自燃点与化学组成有关。烷烃比芳香烃容易氧化，所以烷烃的自燃点比较低。在同族烃中，随相对分子质量升高，自燃点降低。

我国原油大多数为石蜡基原油，自燃点较低，应特别注意安全。

油品的闪点越低，着火危险性越大。闪点高于45℃的油品，在常温情况下，发生火灾危险性较小，自身也达不到自燃点。如果油品储存容器附近有火源时，会导致油品温度增高，因此着火的危险仍随时可能发生。

三、低温流动性

油品在温度降低时，会失去流动性，原因有两个方面。一是温度降低会有部分结晶析出，称为蜡。随着温度的降低，溶解于油品中的蜡析出，使得油品的黏度增大，导致了流动阻力增大，严重时油品不能流动。二是黏温凝固，由于油品的黏度受温度的影响，温度越低，黏度越大，因此油品最后会因为黏度过高而失去流动性。所以，油品在低温时的流动性对其输送、使用具有很大的影响。

四、易产生静电

当两个不同的物体相互接触时就会使得一个物体失去一些电荷如电子转移到另一个物体使其带正电，而另一个物体得到一些剩余电子的物体而带负电。若在分离的过程中电荷难以中和，电荷就会积累使物体带上静电。所以物体与其他物体接触后分离就会带上静电。固体、液体甚至气体都会因接触分离而带上静电。

石油及其液体产品是导电率极低的绝缘非极性物质。在油品的收发、输送和装卸过程中，当油品沿管道流动会与管壁发生摩擦，运输过程中与车船上的罐、舱壁冲撞以及油流的喷射、冲击时都会产生静电。

由于静电会给油品的运输、储存造成较大影响，因此要尽量降低油品中的静电积聚，具体的措施包括：

1. 采用非金属管道

非金属管道(如塑胶、塑料等管道)比金属管道更容易产生静电。

2. 控制油品流动速度

油品在管线中的流速越快，摩擦越剧烈，产生的静电电压也越高。为此，油品在管内的流速不宜超过4m/s。

3. 采用液面下灌装油品

灌装过程中，进出油管与油面距离越大，油品与空气摩擦越剧烈，油流对油面的搅动和冲击越厉害，产生的静电电压也越高。为此，应推广使用液面下装油。

4. 降低油品的含水量

含水率较高的油品比不含水的纯净油料产生的电压要高几倍至几十倍。也就是说，油品产生的静电电压越高，其导电性越好。

5. 增加空气的湿度

湿度越小，静电积聚程度越大；湿度越大，静电积聚程度越小。

除此之外，各类储运设备都应按规定设有导电接地装置，按期测定，保持良好的导电性能。

五、蒸发性

蒸发是液体在任何温度下发生在液体表面的一种缓慢的汽化现象。石油及液体石油产品。尤其是原油和轻质成品油，具有强烈的蒸发性质。

影响油品蒸发快慢的因素：温度、湿度、油品的表面积、油品表面上的空气流动等。

石油及液体石油产品的蒸发性不仅会引发火灾、爆炸等事故，还会造成环境污染。并且会使轻质油发生损耗，造成数量短缺、降低了油品的品质。

六、毒害性

油品的毒害性，因其组成的烃类不同而不同。不饱和烃、芳香烃的毒害性比烷烃大；易蒸发的油品毒害性比不易蒸发的油品大，四乙基铅汽油的危害比不含四乙基铅汽油大。油品对人的毒害性，一是烃类蒸气，即油气；二是汽油中加入的四乙基铅。毒害性最大的是轻质油品，特别是汽油。因汽油中含有不少芳香烃和不饱和烃，且蒸发性很强。

油品对人体的危害是通过人体呼吸道、消化道及皮肤三个途径进人体内，造成中毒现象或中毒事故。危害程度则是由油气浓度，作用时间的长短而决定的。浓度大、时间长中毒则重，反之则轻。另外，油品中的四乙基铅通过人的皮肤、食道、呼吸道进入人体后，不易排出，而积蓄在人体内部，当铅在人体内积蓄到一定量之后，便会造成铅中毒。

石油及其液体产品是易燃、易爆、易产生静电和对人体有一定毒害作用的物品，因此，在储存和使用中，要严格遵守安全管理制度和有关操作规程，以杜绝事故的发生。

第四节　石油产品分类

各种不同的应用场合对石油产品提出了许多不同的使用要求。而油品的使用性能与其化学组成之间有着密切的内在联系。这样，在制定各种石油产品的质量指标时，一方面既要考虑尽量满足有关部门提出的使用要求，另一方面也要考虑石油及其经过加工过程后所得产物的组成和性能。随着社会经济的变化和科学技术水平的不断提高，石油产品的品种和质量指标也是不断变化的。一般地讲，石油产品并不包括以石油为原料合成的各种石油化工产品。现有石油产品约有 800 余种，如包括石油化工产品则达数千种之多。

对于原油，分类方法包括按特性因数分类和按石油族组成分类。对于石油液体产品，分类方法有两种：一种是传统分类法，即按油品馏分的轻重分为汽油、煤油、柴油、润滑油及重质燃烧油；另一种是现代分类法，即按油品的用途分类，即液化石油气（液态烃）、石脑油类、燃料油类、溶剂油类、润滑油类及石油化学品类。

一、液化石油气

液化石油气是石油在提炼汽油、煤油、柴油、重油等油品过程中剩下的一种石油尾气，通过一定程序，对石油尾气加以回收利用，采取加压的措施，使其变成液体，装在受压容器内，液化气的名称即由此而来。它在气瓶内呈液态状，一旦流出会气化成比原体积大约250倍的可燃气体，并极易扩散，遇到明火就会燃烧或爆炸。

液化石油气简称LPG，是石油产品之一。它是由炼厂气或天然气（包括油田伴生气）加压、降温、液化得到的一种无色、有特殊气味的挥发性气体。由炼厂气所得的液化石油气，主要成分为丙烷、丙烯、丁烷、丁烯，同时含有少量戊烷、戊烯和微量硫化合物杂质。由天然气所得的液化气的成分基本不含烯烃。

液化石油气无毒，但在空气中浓度较高时，对人的中枢神经有麻醉作用；并且，如果燃烧不充分，也会产生一氧化碳等有毒气体。该产品易燃、易爆，使用时应注意安全。

随着石油化学工业的发展，液化石油气作为一种化工基本原料和新型燃料，已愈来愈受到人们的重视。在化工生产方面，液化石油气经过分离得到乙烯、丙烯、丁烯、丁二烯等，用来生产合成塑料、合成橡胶、合成纤维及生产医药、炸药、染料等产品。用液化石油气作燃料，由于其热值高、无烟尘、无炭渣，操作使用方便，已广泛地进入人们的生活领域。此外，液化石油气还用于切割金属，用于农产品的烘烤和工业窑炉的焙烧等。

二、石脑油类

石脑油类是一部分石油轻馏分的泛称。因用途不同有各种不同的馏程。我国规定馏程自初馏点至220℃左右，主要用作重整和化工原料。作为生产芳烃的重整原料，采用70~145℃馏分，称为轻石脑油；当以生产高辛烷值汽油为目的时，采用70~180℃馏分，称为重石脑油。用作溶剂时，则称溶剂石脑油，来自煤焦油的芳香族溶剂也称重石脑油或溶剂石脑油。

石脑油属易燃、易爆物质，因此在装卸、储运、计量和使用过程中必须严格做好防火、防爆和防静电工作。储运容器应干净、密闭，储存地点应设在阴凉通风并有防火措施的地方。防止与其他油品混合，空气中石脑油含量不得超过0.3mg/L。

三、燃料油类

大部分石油产品均可用作燃料，但燃料油在不同的地区却有不同的解释。欧洲对燃料油的概念一般是指原油经蒸馏而留下的黑色黏稠残余物，或它与较轻组分的掺和物，主要用作蒸汽炉及各种加热炉的燃料或作为大型慢速柴油燃料及作为各种工业燃料。燃料油类品种较多，包括汽油、煤油、柴油及锅炉、舰船用重质燃料油等。

1. 汽油

汽油为水白色、易挥发透明液体，并按辛烷值划分牌号。具有较高的辛烷值和优良的抗爆性，用于高压缩比的汽化器式汽油发动机上，可提高发动机的功率，减少燃料消耗量；具有良好的蒸发性和燃烧性，能保证发动机运转平稳、燃烧完全、积炭少；具有较好的安定性，在储运和使用过程中不易出现氧化变质，对发动机部件及储油容器无腐蚀性。

汽油是用量最大的轻质石油产品之一，是引擎的一种重要燃料。

根据制造过程可分为直馏汽油、热裂化汽油、催化裂化汽油、重整汽油、焦化汽油、叠合汽油、加氢裂化汽油、裂解汽油和烷基化汽油、合成汽油等。

根据用途可分为航空汽油、车用汽油、溶剂汽油等三大类。主要用作汽油机的燃料。

汽油广泛用于汽车、摩托车、快艇、直升飞机、农林业用飞机等。溶剂汽油则用于橡胶、油漆、油脂、香料等工业。

2. 煤油

煤油是轻质石油产品的一类。由天然石油或人造石油经分馏或裂化而得。一般在常温下为液体，无色或淡黄色，略具臭味。不溶于水，易溶于醇和其他有机溶剂，易挥发、易燃，与空气混合形成爆炸性的混合气。黏度爆炸极限为2% ~3%。

主要用于点灯照明和各种喷灯、汽灯、汽化炉和煤油炉的燃料；也可用作机械零部件的洗涤剂，橡胶和制药工业的溶剂，油墨稀释剂，有机化工的裂解原料；玻璃陶瓷工业、铝板辗轧、金属工件表面化学热处理等工艺用油；有的煤油还用来制作温度计。

煤油产品主要分两大类，一类是喷气燃料(旧称航空煤油)，另一类是灯用煤油。

喷气燃料主要用于航空涡轮发动机燃料，而灯用煤油主要用于照明和各种喷灯、汽灯、气化炉和煤油炉的燃料，也可以做机械零件的洗涤剂、橡胶和制药工业的溶剂等。

煤油在接卸、储运、计量和使用过程中应保持容器、管线干净，防止其他油品和杂物混入，严禁混入汽油，同时注意防火、防静电、保证使用过程安全。

3. 柴油

轻质石油产品，复杂烃类混合物。主要由原油蒸馏、催化裂化、热裂化、加氢裂化、石油焦化等过程生产的柴油馏分调配而成；也可由页岩油加工和煤液化制取。广泛用于大型车辆、铁路机车、船舰。柴油最重要的性能是着火性和流动性。

柴油分为轻柴油和重柴油两大类。

轻柴油为淡黄色液体，密度相对较小的一类柴油。一般由天然石油的直馏柴油与二次加工柴油掺合而得。有时也掺入一部分裂化产物。与重柴油相比，质量要求较严，十六烷值较高，黏度较小，凝点和含硫量较低。广泛用于柴油汽车、拖拉机以及用于船舶、矿山、发电、钻井等设备的高速柴油发动机燃料。

轻柴油适合于储存阴凉通风的地方，储油容器应密闭，减少与空气接触。

重柴油为密度较大的一类柴油。由天然石油、人造石油等经分馏或裂化而得。与轻柴油相比，质量要求较宽，十六烷值较低，黏度较大、凝点较高。为中低速柴油机的专用燃料。用于农田排灌、渔轮、船舶等，也用作锅炉燃料。

重柴油储油容器应定期清洗，防止油泥沉淀物的积聚和霉菌的滋生。无论轻、重柴油在装卸、储运、计量和使用过程中都要防止机械杂质、水分混入，严禁混入汽油。注意防火、防静电，保证使用安全。

4. 重质燃料油

重质燃料油凝点高、黏度大，使用前必须预热使其完全融化，主要包括军舰用燃料油、船用内燃机燃料油和重油。在接卸、储运和使用过程中应防止机械杂质及水分落入，尤其应注意避免混入汽油。

四、溶剂油类

溶剂油的用途十分广泛。用量最大的首推涂料溶剂油(俗称油漆溶剂油)，其次有食用油、印刷油墨、皮革、农药、杀虫剂、橡胶、化妆品、香料、医药、电子部件等溶剂油。目前约有400~500种溶剂在市场上销售，其中溶剂油(烃类溶剂，苯类化合物)占一半左右。

溶剂油的性质视其用途不同而有别，选择溶剂油应主要考虑其溶解性、挥发性、安全性。

按用途分，通常，可以分为主要用在抽出大豆油、菜籽油、花生油和骨油等动植物油脂的抽提溶剂油，用于橡胶、鞋胶、轮胎等领域的橡胶溶剂油，用于油漆、涂料工业的油漆溶剂油，等等。此外，还有洗涤溶剂油、油墨溶剂油等。根据国家标准GB 1922—88，即按其98%馏出温度或干点划分溶剂油，常见的牌号有：70 号香花溶剂油，90 号石油醚，120 号橡胶溶剂油，190 号洗涤剂油，200 号油漆溶剂油，260 号特种煤油型溶剂。此外还有 6 号抽提溶剂油，航空洗涤汽油，310 号彩色油墨溶剂油。农用灭蝗溶剂油等。实际上市场销售的远不止这些，生产厂家可以根据用户需要，生产各种规格溶剂油。

五、润滑油类

润滑油是涂在机器轴承等运动部分表面的油状液体。它是不挥发的油状润滑剂。按其来源分动、植物油，石油润滑油和合成润滑油三大类。石油润滑油的用量占总用量 97% 以上，因此润滑油常指石油润滑油。

石油在常压蒸馏出汽油、煤油、柴油各种燃料后，剩余部分称为重油。重油的黏度很大，沸点一般在 300℃ 以上。各种润滑油便是从重油中提炼出来的。

润滑油最主要的性能是黏度、氧化安定性和润滑性，它们与润滑油馏分的组成密切相关。黏度是反映润滑油流动性的重要质量指标。不同的使用条件具有不同的黏度要求。氧化安定性表示油品在使用环境中，由于温度、空气中氧以及金属催化作用所表现的抗氧化能力。润滑性表示润滑油的减磨性能。

润滑油是用在各种类型机械上以减少摩擦，保护机械及加工件的液体润滑剂，主要起润滑、冷却、防锈、清洁、密封和缓冲等作用。润滑油占全部润滑材料的 85%，种类、牌号繁多，现在世界年用量约 3800 万吨。对润滑油总的要求是：

① 减摩抗磨，降低摩擦阻力以节约能源，减少磨损以延长机械寿命，提高经济效益；

② 冷却，要求随时将摩擦热排出机外；

③ 密封，要求防泄漏、防尘、防串气；
④ 抗腐蚀防锈，要求保护摩擦表面不受油变质或外来侵蚀；
⑤ 清净冲洗，要求把摩擦面积垢清洗排除；
⑥ 应力分散缓冲，分散负荷和缓和冲击及减震；
⑦ 动能传递，液压系统和遥控马达及摩擦无级变速等。

六、石油化工原料

石油炼制过程中得到的石油气、芳香烃以及其他副产品是石油化学工业特别是基本有机合成工业的基础原料，有的还可直接利用。

第二章　油库和油库的布局

第一节　油库及其类型

凡是用来储存和收发原油或汽、煤、柴油、喷气燃料、溶剂油、润滑油、重油等石油产品的独立或附属的企业和单位都称为油库。油库是协调原油生产、原油加工、成品油供应及运输的纽带，是国家石油储备和供应的基地，它对促进国民经济高速发展和保障国防具有非常重要的意义。

一、油库类型

油库大体上可从以下几个方面进行分类。

1. 按管理体制和业务性质分类

根据油库的管理体制和业务性质，油库可分为独立油库和企业附属油库两大类，如图 2－1 所示。

- 油库
  - 独立油库
    - 民用油库
      - 储备油库
      - 中转油库
      - 分配油库
    - 军用油库
      - 储备油库
      - 供应油库
      - 野战油库
  - 企业附属油库
    - 油田原油库
    - 炼厂原油及成品油库
    - 机场及港口油库
    - 农村站油库
    - 其他企事业单位油库

图 2－1　油库分类

独立油库是指专门接收、储存和发放油品的独立企业或单位；附属油库则是工业、交通或其他企业为了满足本部门需要而设置的油库。供销和军事部门的大多数油库属于独立油库，油田原油库和炼油厂的油库多属企业附属油库。

2. 按储油方式分类

根据油库的主要储油方式，油库可分为地面油库、隐蔽油库、山洞油库、水封油库和海上油库等。

1）地面油库的储油罐设置在地面上，该类油库具有投资省、建设速度快的优点，是分配、供应和一般企业附属油库的主要建库形式。战时地面油库易遭到敌方破坏，不适宜作为需要防护的储备油库和某些重点油库。

2）山洞油库则是将储油罐建设在人工开挖的洞室或天然的山洞内。我国一般大型战略储备油库和军用油库多采用山洞库。山洞油库的隐蔽条件较好，一般除能见到装卸油等少量设施外，其他主要储油设备均不暴露在外。

3）隐蔽油库是将储油罐部分或全部埋入地下，上面覆土作为伪装并提供一定防护能力，在空中和库外不能直接看到储油设施的一种地下储油库。这种油库由于储油罐部分或全部埋入地下，为了使储油罐不致因外部土压而引起破坏，必须加筑钢筋混凝土或其他护墙。

4）水封油库是利用稳定的地下水位，将需要储存的油品封存于地下洞室中。它的储油罐体便是在有稳定地下水位的岩体内开挖的人工洞室，不需另建储油罐。这种水封石洞油库的石洞储油容量可高达数十万立方米。它需要有稳定的地下水位，而且其他的技术条件也较复杂，库址也难于选择。目前这种油库大多建在沿海地区。

5）海上油库是为适应海上石油开采而发展起来的。这类油库一般用以接收和转运原油，其形式可分为飘浮式和着底式两大类。

飘浮式是将储油设施制成储油船或储油舱，让其飘泊在海面组成储油系统，这个系统既可利用沿海海域，也可建于石油开采的海域。为了储油安全还建有防波堤和安全监测设施。着底式海上油库是将储油设施制成储罐让其固着于海底，形成水下储油系统。这种罐往往同其他生产设施结合起来组成一个整体性结构，例如利用水下油罐作为采油平台的基础等。

另外，油库还可按照运输方式分为水运油库、陆运油库和水陆联运油库，按照储存油品的种类可分为原油库、成品油库等。但通常都是以经营管理体制和储油方式来划分。

二、油库的业务

不同类型油库的业务性质也不同，其业务大体上可分为以下四个方面：

1）生产基地用于集积和中转油料；

2）供销部门用于平衡消费流通领域；

3）企业部门用于保证生产；

4）国家储备部门用于战略储备，以保证非常时期需要。

矿场原油库以及海上采油设置的油库是一种集积和中转性质的油库，其业务特点是储存品种单一、收发量大、周转频繁。

矿场原油库是油田输储油品的核心单位，它关系到油田和炼油厂的正常生产，它的储油容量，必须保证油田正常生产和正常输油。矿场油库一般是管道来油，火车装油外运或利用长输管线向外输油。在设计时，要适当地考虑到战时的情况，防止因油库遭到毁坏而使油田出现停滞状况。当一个油田建设几个油库时，在矿场集输流程中应考虑能够互为备用，以便一个油库遭到破坏时，可将油品输到另一个油库外运。

海上油库一般是集积海上平台生产的原油，并输转到有关部门。在钻井平台距陆地较远、储油量大、海象条件不良的地区，需要建立海上储油库；产油量少、海象条件稳定的地区，可建立单点系泊泊位，系留油舱作为储油罐。

供销部门的分配油库和部队的供应油库特点是油品周转频

繁，经营品种较多，一般是铁路或油轮（水运油库）来油，桶装和汽车罐车或油驳向外发油。因此这类油库有较大的收发油系统和较多的桶装仓库、桶堆场和较多的相应的修洗桶设备。

作为流通领域的这类分配和供应油库，它的作用主要是依据来油的疏密，平衡供销关系，保证油品不中断供应。其油罐储量则应以此为前提，按稳定供应的最小限度来决定。

炼厂的原油库和成品油库是炼厂接收原油和发放成品的机构。当矿场来油含水量不能满足炼油工艺要求时，往往在原油库中设置一些脱盐、脱水的预处理设备。在成品油库则设有加铅、调合等设备。这两种油库都是炼厂的一部分，所以油库的位置需按炼油厂的总体设计决定。

机场或港口油库的主要任务是给飞机和船舶加油，油库的设施和容量，根据飞机和船舶的要求决定。这类油库多设在机场和港口附近，并尽可能加以隐蔽和防护。

储备油库的主要任务是为国家储存一定数量的后备油料，以保证市场稳定，并保证紧急状态下的用油。储备油库的特点是储存量大，储存时间长，周转系数小，品种比较单一。储备库大多具有重要的战略意义，其大都建成地下库或山洞库。

油库的主要设施是围绕油品的收发和储存来设置的。在油库经营中，除了保证油品能顺利而经济地收发外，还应特别注意安全，在油库设计、使用中这个问题都要充分考虑。设计上要保持足够的安全距离，并有可靠的消防系统。

第二节　油库分级和分类

一、按油库容量大小分级

油库主要用于储存易燃的石油和石油产品，这对油库安全是个很大威胁。根据GB 50074—2002《石油库设计规范》的规定，按油库总容量大小分级如表2-1所示。

表 2-1　石油库的等级划分

等　　级	总容量 TV/m^3	等　　级	总容量 TV/m^3
一级	$TV \geqslant 100000$	四级	$10^3 \leqslant TV < 10^4$
二级	$3 \times 10^4 \leqslant TV < 10^5$		
三级	$10^4 \leqslant TV < 3 \times 10^4$	五级	$TV < 10^3$

注：表中总容量 TV 指石油库的油罐容量和桶装油品设计存放量之总和，不包括零位罐、放空罐以及石油库自用油品储罐的容量。石油库储存液化石油气时，液化石油气罐的容量应计入石油库总容量，但液化石油气罐的总容量不应大于油罐总容量的 10%，且不应大于 $1300m^3$。

二、按储存油品火灾危险性分类

在油库设计中，还应考虑储存油品的性质。根据 GB 50074—2002《石油库设计规范》的规定，对石油库储存油品的火灾危险性的分类如表 2-2 所示。

表 2-2　油库储存油品火灾危险性分类

油品类别	油品闪点 F_t/℃	油品类别	油品闪点 F_t/℃
甲	$F_t < 28$	丙 A	$60 \leqslant F_t \leqslant 120$
乙 A	$28 \leqslant F_t \leqslant 45$	丙 B	$F_t > 120$
乙 B	$45 < F_t < 60$℃		

第三节　油库容量的确定

油库容量在生产上主要是起调节作用，保证向市场和生产部门稳定地供应油品。因此，它的库容必须做到集中来油时能及时把油品卸入库内储存，在两次来油的间歇中，有足够的油品供应市场。

油库建设首先需要正确地确定油库的容量。油罐是油库的主要设施，整个储油区也是油库投资最大的部分，它所占地面积约为油库总面积的 1/3 ~ 1/2。

我国油库容量目前是采用周转系数法来加以决定，它的准确程度较差。从现有油库来看，一般所选容量都偏高，因此，今后建库应考虑采用统计预测的方法来决定油库的容量。

一、用周转系数法决定库容

周转系数就是某种油品的储油设备在一年内可被周转使用的次数，即

周转系数 = 某油品的年销售量/该油品储存设备的容量

油库的库容为该油库所储各种油品设计容量之和。各种油品设计容量由式(2 - 1)求得

$$V_S = \frac{G}{K\rho\eta} \tag{2-1}$$

式中 V_S——某种油品的设计容量，m^3；

ρ——该种油品的密度，t/m^3；

G——该种油品的年周转量，t；

K——该种油品的周转系数。我国商业系统，对一、二级库采用 $K = 1 \sim 3$，三级及其以下油库采 $K = 4 \sim 8$，有条件时，K 值最好通过调查分析决定；

η——油罐利用系数，指油罐储存容量和名义容量之比。选择油罐利用系数，可根据具体情况决定。一般轻油取 $\eta = 0.95$，重油取 $\eta = 0.85$，储存重质油的非金属罐取 $\eta = 0.75$。重油 η 取小的原因是考虑到加热面积占去的容量。

油罐容量在使用上可分为下面三种情况：

1）名义容量。即油罐理论容量，它是按油罐整个高度计算的。一般设计油罐时，是以这个尺寸计算容量。

2）作业容量。油罐使用时，出油管下部的一些油品并不能发出，成为油罐的“死藏”。它的容量是储存容量减去“死藏”部分得到的。“死藏”部分可根据出油管的高度决定。

3）储存容量（实际容量）。因为油罐储油时，实际上并不能装到油罐的上边缘，一般距油罐上边缘都留有一定距离 H，以保证储油安全。H 的大小根据油罐种类以及安装在罐壁上部的设备

（如泡沫发生器等）决定。油罐的名义容量减去 H 部分占去的容量（当油罐下部有加热设备时，还应减去加热设备占去的容积）便是储存容量。

二、用统计预测法决定库容

油库库容的决定，实际上是一个合理储存问题。如果油品的销售是均匀的，每日销售 n 吨，m 日来一次油，那么很明显油库的储量便需 $n \cdot m$ 吨。周转系数法实质上就是将全年来油平均为每日销量而乘以 m 日来车一次的计算方法。

若来油间隔期 m 比较小，库容相对就小，即周转系数越大，库容就越小。油品的销售并不是均匀的，它随季节不同而变化；油品的运输也不可能做到按固定的日期 m 进行供油。因此，要比较严谨地决定储油容量，做到容量既不过大，又不会因储量不足引起脱销。

储油容量的大小，一般受三个因素影响：

1）发展趋势。随着国民经济的发展，各种不同类型的油库，一般都有逐年增大其销售量的趋势。

2）季节变动。油品在不同季节销售量也不同，有的油品随季节波动大，有的波动小。

3）不规则的变动。如销售中遇到的临时性用油。

决定油库容量时，可选择具有类似条件的油库作为原型，统计它们逐年按月（或按旬）的销售量和进油量，然后预测出今后数年的销售量和进油量。表 2－3 为某油库全年每个月的进油和销售量的数据。

表 2－3　进油、销售、月末剩余及剩余累计表

月份	一月	二月	三月	四月	五月	六月	七月	八月	九月	十月	十一月	十二月	合计
进油	4	5	5	7	8	13	14	13	11	9	6	5	100%
销售	15	14	10	7	4	3	3	6	8	9	10	11	100%
月末销售	－11	－9	－5	0	＋4	＋10	＋11	＋7	＋3	0	－4	－6	
剩余累计	－11	－20	－25	－25	－21	－11	0	＋7	＋10	＋10	＋6	0	

由表2－3中第一行减去第二行，得出第三行油品入超（+）和出超（－）数字。将第三行累计则得第四行每月储油容量的变化数字，由此行即可求得储油容量

$$V = V_{max} - V_{min} = [11\% - (-25\%)] \times \text{年周转额}$$
$$= 36\% \times \text{年周转额}$$

三、油田矿场和炼油厂原油库容量

油田矿场原油库来油比较稳定，外输受交通运输影响。这种油库的容量的确定重点是考虑交通运输条件。把这种为了保证运输中断时，能储存矿场来油的天数称为储备天数，用 N 来表示。于是矿场原油库的容量便可按式（2－2）计算

$$V_S = \frac{G}{365\rho\eta}N \quad (2-2)$$

式中 V_S——油库设计容量，m^3；

G——油田预计全年输往该油库的原油量，t；

ρ——原油密度，t/m^3；

η——油罐利用系数；

N——储备天数，储备天数取决于运输方式、线路条件、气象和封冻停航等因素。作为参考，铁路外输可取 $N=7$；长输管线外输可取 $N=2 \sim 5$。

炼油厂原油库的库容必须保证在交通运输暂时中断时，能持续不断地向炼油装置供应原油。其容量可按式（2－3）计算

$$V_S = \frac{G}{t\rho\eta}N \quad (2-3)$$

式中 V_S——原油库设计容量，m^3；

G——装置年处理量（对于成品油库，则为成品油年产量），t；

t——年操作天数，若装置或系统没有特殊规定天数时，可考虑用下面数值进行计算；常减压、催化、重整及润滑油脱蜡，334天；延迟焦化，300天；加氢精制、制氢；310天；

N——储备天数，原油库管线进油，取 $N=5$ 天；铁路罐车，取 $N=10\sim15$ 天；水路来油，取 $N=15$ 天。

四、油罐选用一般原则

油罐的选用除了决定于油品品种之外，主要是操作要求。尽量选用容量较大的储罐，选用储罐的规格应尽可能统一。从理论上说，最好是一种油品选一个油罐。不过在实际工作中，通常每种油品至少选两个油罐。

考虑到操作管理要求，决定某种油品选 n 个油罐，该种油品每个罐的单体容量便可由该种油品的设计容量 V_S求得

$$V_D = \frac{V_S}{n} \tag{2-4}$$

标准油罐的容量（名义容量）为 $2000m^3$、$5000m^3$、$10000m^3$ 等。而求得的单体容量一般都不是整数。当单体容量与标准罐的系列容量相近时，可以适当增大或压缩油罐的单体容量使其符合系列而选择标准油罐。

根据设计容量和油罐系列选择油罐单体容量时，为了有利施工和备料，应尽可能地减少油罐规格的种类。

目前油罐经济尺寸的选取有两种考虑方法：一种是在这种尺寸下，油罐耗钢量最小；另一种是总投资最少，即在这种尺寸下，油罐建设、基础建设、占地费用等的总投资额最少。

第四节　库 址 选 择

一、库址选择原则

1）为确保油品质量、减少油品损耗、防止环境污染、节约能源，要认真贯彻国家有关基本建设的各项方针政策，做到技术先进、经济合理、生产安全、管理方便；

2）选择库址时应尽可能利用荒地及坏地。积极采取措施减

少占地面积，以便在油库规划和建设中照顾到当地农业的发展，有利于农田基本建设，促进农业生产；

3）建库地点既要有利于平时使用，又要考虑战时的隐蔽和安全；

4）选择库址时要注意周围环境，贯彻国家有关安全防火和环境保护的规定。

二、对库址的基本要求

1. 区域环境

在指定的地域内选择库址时，应首先根据油库等级，估算出油库大体的占地面积，再对油库的区域环境进行调查。尽量避开大中型城市、大型水库、重要的交通枢纽、机场、电站、重点工矿企业等和其他军事战略目标。油库的位置最好是处于邻近住宅区的下风方向，以免石油蒸气刮向居民区，防止污染环境。油库和邻近住宅区以及各种建（构）筑物之间应满足一定的安全防火距离。

库址选定在靠近江河、湖泊或水库的滨水地段时，通常布置在码头、水电站、桥梁和城市的下游。库区场地的最低设计标高，应高于计算最高洪水位0.5m。有防止石油库受淹的可靠措施，且技术经济合理时，库址亦可选在低于计算最高洪水位的地段。

石油库与飞机场的距离，应符合各机场对净空的要求。

从经济观点来看，商业油库最好靠近城市或基本用户。这样不但有利于缩短用户到油库取油的汽车运输里程，而且油库建设时也可利用城市条件，减少水、电、交通等建设投资。

2. 地形

平原地区建库，库址最好具有较明显的缓坡地形，利于油品的自流作业，易于排水。

山区建库，尽量利用地形高低的特点，实现油品自流作业。最理想的地形是铁路油罐车由较高地段进入库区，利用自流将油品卸入储油罐，再从付油罐向位置更低的灌桶间或用户发油，完全靠自流完成全部作业。

一些隐蔽要求高的洞库和隐蔽库，要注意选择山体肥厚的山沟和既有利于隐蔽又有利于建设的地段，利用山体地势的阻隔和遮挡减小目标，不致暴露于外。

地形选择上需注意不要位于低洼地带，以免在雨季遭受淹没。

3. 工程地质和水文地质

油库的库址应具备良好的地质条件，最宜于建库的土质是砂土层，杂土层黏、土层均不宜建库。

油库的主要建(构)筑物为各种类型储油罐。如一般5000m^{3}的立式油罐高度在14m左右，试水时加给地基土壤的荷载约为1.5×10^5Pa。对于更大型的油罐，土壤的地耐压力还应相应提高。

库址应选在既无地上浸水，而地下水位又低的地方。最高地下水位一般不得超过油库建筑物基础的底面。对于地下建筑多的油库更应注意这个问题。

在山区内山洪情况复杂，一般以山腰建库为宜，这样不仅可以防止山洪侵袭，而且土层较干燥，地下水影响小，设备不易遭到腐蚀。

计算最高洪水位采用的洪水频率，应符合下列规定：

1）一、二、三级油库为50年一遇；

2）四、五级油库为25年一遇。

对于山洞库，库址应选在地质构造简单、岩性均一、石质坚硬与不易风化的地区，应避开断层和密集的破碎带，要注意罐区的防护和岩体的稳定。

一般要求山体高而肥厚。这样，洞库的上部便可有足够的防护层，以保证遭到空袭时不致破坏洞内设施。防护层的厚度是按防护等级根据防护要求和岩石强度决定的。

岩石构造要完整，普氏系数应在6以上。

山体坡度最好大于30°。这样可以缩短引洞长度，提高洞库防护能力，还可减少被袭击时的命中率。

一、二级石油库的库址，避开地震基本烈度9级及以上的地区。

4. 交通运输及水电供应

以铁路运输为主的石油库，铁路专用线的长度一般不应超3km。铁路专用线经过的地区，地形要尽量比较简单，避免架设桥梁和开挖隧道等重大工程。

以公路运输为主的石油库，应尽量设置在现有公路附近，同时也要注意引入公路时不要穿越铁路和河渠。

以水运为主的石油库，应了解和收集有关河床的水文地质资料以及有关船舶的规格、载重量和吃水深度，特别是码头地区的水深和冲刷情况。

石油库库址应具备满足生产、消防、生活所需的水源和电源条件及良好的排水条件。需掌握确切的水源资料。

应对油库的动力及通讯等方面进行了解。查明附近动力线和通讯线路的接线位置和接线的可能性，并了解清楚现有线路的容量、负荷，油库接线后是否需要换线等。

油库的排水要征得环境保护部门的同意，不能任意排放。

第五节　油库的布局

油库总体布局是油库设计的一个重要组成部分，是整个油库的前导和基础。布局合理，将直接关系到能否最大限度地满足生产需要，缩短工艺管线和运输线路，减少占地面积，节约建库资金，保证安全操作，节省管理费用。

一、布局原则

首先实地勘察、深入调查，充分掌握各种有关的设计资料。结合油库特点，按下述原则考虑总体布局：

1）便于收发作业，库内油品尽量做到单向流动，避免在库内往返交叉，尽可能利用地形进行自流作业；

2）合理分区，以便于各种作业安全生产；

3）库内布置的各种设施，必须符合相关设计规范，同时应力求布置紧凑，减少用地；

4）变配电间及锅炉房等辅助设施要尽量靠近主要用电、用汽单位，以节省投资和经营费用；

5）油库对外单位要设置在靠近发放区的地方；

6）充分利用地形，做好隐蔽工作，并适当留有扩建余地。

二、平面布置

1. 油库分区

一般按油库业务要求可分为储油区、装卸区、辅助生产区、行政办公区等四个区域。

(1) 储油区

储油区是油库储存油品的区域，该区有油罐、油罐的附属建筑物、岗亭、消防间、消防水池等。储罐可选用拱顶罐、浮顶罐或内浮顶罐。通常储存汽油而周转系数又较大的油罐采用浮顶罐或内浮顶罐，其他油品则采用拱顶罐。储油区应根据规范布置罐位，设计防火堤和消防系统，采取防雷、防静电、安全监视等一系列保安措施。

(2) 装卸区

根据运输方式的不同，装卸区又分铁路装卸区、公路装卸区、水运装卸区。装卸区是油品进出油库的一个操作部门，该区与办公生活区应有一定距离并处于下风方向。

1）铁路装卸区。这一作业区主要是向铁路罐车灌装油品或由铁路罐车接卸油品。该区主要设施和建筑物有铁路专用线、站台、铁路装卸油设施和相应的集油和输油管线、装卸油泵房等。当采用自流下卸时，尚应考虑零位油罐等问题。

2）公路装卸区。公路装卸发放对象主要是加油站和用户。一般不靠江河的油库，几乎进入油库的所有油品都要通过公路向外发出，发油频繁。该区的主要设施有汽车装卸油设备、泵房、灌桶间、各种小型油罐、桶装站台等。

3）水运装卸区。主要设施有码头、港池、码头装卸油设备、泵房(可设置在趸船或码头上)等装卸区的主要任务是灌装和接卸油品。

（3）辅助生产区

油库的生产活动中，需再有相应的一些辅助设施，如锅炉房、变配电间、机修间、材料库、化验室、污水处理、消防泵房等。它们在操作上是独立的体系，把这些设施相对地集中在一个区域，组成辅助生产区，既便于管理，又有利于安全。

（4）行政办公区

办公区是油库的行政和业务管理区域，是生产管理中心，其主要设施有：办公室、营业室、消防人员宿舍等。行政办公区必须设置围墙与其他各区隔开，应设单独对外的出入口。行政办公区主要具有以下功能：

1）指挥生产，保证油品安全装卸和储存，并作好运行记录；

2）贸易活动，进行油品的调入和销售；

3）保护油库安全。

2. 储油区的布置

储油区的布置在工艺上应满足使收发油的作业都比较方便、输油线路短的条件。因为轻质油品的黏度比较小，不需要加热，即使管线稍长一些，管线的摩擦阻力损失增加不大。对黏度较大、凝固点较高的重油品质的油罐，如果布置在较远的位置，由于管线增长，相应的加热保温设施也要增加，不仅管线的摩擦阻力损失增加，而且管线的建设投资费用也要增加。所以排列顺序是轻质油罐离装卸油泵房较远，重质油罐离装卸油泵房较近，大多是汽油、煤油、柴油的顺序。

油库中绝大多数油品都储存在储油区内，储油区是油库的核心部位。在各级油库中，罐区及其区内油罐的布置，必须遵照国家有关消防安全技术规定，保证罐区内外的防火间距符合要求。区内各罐之间保持一定的安全间距。

（1）确定油罐防火间距时应考虑的因素

1）油气的扩散。易燃液体液面有一定蒸气压，通过油罐的呼吸阀、测量孔，或在检修时通过油罐人孔等，向外扩散，在罐区一定距离范围内形成爆炸性混合气体，故应考虑合理的防火间距。

2）火焰的辐射。热油罐发生火灾后因辐射容易引起邻近油罐或建筑物发生火灾，故应考虑因辐射高热而引起火灾蔓延的危险因素。

3）油品的性质。有沸溢性的油品，火灾时易使油品外溢，而轻质油品挥发油气较多，重质油品有的需要加温，故应根据油品性质和储存条件的不同，进行合理布置。

4）油罐的类型。地上油罐、半地下油罐破裂时油品会外流。地下油罐发生火灾时，火焰紧靠地面，对扑救人员威胁很大。预制的钢筋混凝土罐或砖砌地上油罐发生爆炸时，罐壁会倒坍，油品外流。拱顶罐爆炸时罐顶会坍落。浮顶罐火灾大都在密封圈处燃烧。故应根据油罐型式进行合理布置。

5）扑救条件。扑救火灾时，油罐钢板要进行冷却，要考虑有较好的扑救条件。如要考虑水枪操作人员至被冷却油罐的距离，使用移动泡沫灭火设备时，消防人员要有一个往着火油罐上挂泡沫钩管的场地。

6）消防力量。油库大部设在郊外，消防队伍一般不能在较短时间内集中到达，火势容易扩大。所以油罐之间应留有必要的防火间距。

（2）油罐区布置应遵循的原则

按照 GB 50074—2002 规定，油罐区布置时，应遵循下列规定。

1）地上、覆土油罐区应符合下列规定：

① 石油库的油罐。在同一个油罐组内宜布置油品火灾危险性相同或相近的油罐；地面油罐与覆土油罐不宜布置在同一个油罐组内；同一个油罐组内油罐总容量，固定顶油罐组、固定顶油罐组和浮顶油罐或内浮顶油罐的混合罐组不应大于 120000m^3；浮顶、内浮顶油罐组不应大于 600000m^3；当单罐容量等于或大于 1000m^3时，一个油罐组内油罐不能多于 12 座，但单罐容量小于 1000m^3的油罐组和储存丙 B 类油品的油罐组内的油罐座数可

不受此限。

② 地面油罐组的布置。单罐容量小于1000m^3的储存丙B类油品的油罐不应超过四排，其他油罐组内的油罐不应超过两排；立式油罐排与排之间的防火距离不应小于5m；卧式油罐排与排之间的防火距离不应小于3m。

③ 覆土油罐罐室布置要求。覆土油罐利用罐室墙作围护时，罐室墙应用砖石或混凝土块浆砌，罐室墙应严密不渗漏，并采取排水阻油措施；覆土油罐的水平通道应设密闭门，且必须为外开式；覆土油罐的竖直通道可不设密闭门。

④ 油罐之间的防火距离，不应小于表2－4的规定。

表2－4　油罐之间的防火距离

<table>
<tr><th rowspan="3">油罐形式
油品类别　V/m^3</th><th colspan="3">固定顶油罐</th><th rowspan="3">浮顶、内浮顶油罐</th><th rowspan="3">卧式油罐</th></tr>
<tr><th colspan="2" rowspan="2">地上式</th><th rowspan="2">覆土式</th></tr>
<tr></tr>
<tr><td>甲类、乙A类</td><td>不限</td><td colspan="2">0.6D</td><td>0.4D</td><td>0.4D</td><td rowspan="7">0.8D</td></tr>
<tr><td rowspan="3">乙B类</td><td>$V>1000$</td><td colspan="2">0.6D</td><td rowspan="3">0.4D</td><td rowspan="3">0.4D</td></tr>
<tr><td rowspan="2">$V\leqslant1000$</td><td>消防采用固定冷却方式</td><td>0.6D</td></tr>
<tr><td>消防采用移动冷却方式</td><td>0.75D</td></tr>
<tr><td>丙A类</td><td>不限</td><td colspan="2">0.4D</td><td rowspan="3">不限</td><td rowspan="3"></td></tr>
<tr><td rowspan="2">丙B类</td><td>$V>1000$</td><td colspan="2">5m</td></tr>
<tr><td>$V\leqslant1000$</td><td colspan="2">2m</td></tr>
</table>

注：(1) 表中V为单罐容量；D为相邻油罐中较大油罐的直径，对于矩形油罐，D为长宽之和的一半。

(2) 储存不同油品的油罐、不同形式的油罐之间的防火距离，应采用较大值。

(3) 高架罐的间距，不应小于0.6m。

⑤ 防火堤及其与油罐的距离。地上油罐、半地下油罐(包括带水平通道无密封门的覆土油罐)的油罐组均应设防火堤，其作

用是隔离油罐破裂后流出油品。防火堤应采用非燃烧材料建造，并具有一定的强度，能承受相当于流出油品的静压力。

对于固定顶油罐，防火堤内的有效容量不应小于油罐组内一个最大油罐的容量，并扣除与防火堤高度相等的其他罐的容量；对于浮顶油罐或内浮顶油罐，防火堤的有效容量规定不小于油罐组内最大浮顶(或内浮顶)油罐容量的一半。当固定顶油罐与浮顶油罐或内浮顶油罐布置在同一油罐组内时，应取以上两款规定的较大值。

当油罐组内油罐的总容量大于20000m^3，且油罐座数多于两个时，防火堤内应设隔堤。隔堤顶应比防火堤顶低0.2～0.3m。沸溢性油品储罐在着火时易于向罐外沸溢出泡沫状油品，为了限制其影响范围，不管油罐容量大小，均应两个油罐一隔。三、四级石油库的油罐组防火堤内是否设托隔堤，应进行综合考虑。

立式油罐壁至防火堤内坡脚线的距离，不应小于罐壁高度的1/2；卧式油罐壁至防火堤内坡脚线的距离，不应小于3.0m；山体兼作防火堤时，罐壁至山体距离，不得小于1.5m。

各罐组防火堤内的地坪应具有1%的排水坡度，自油罐基础坡向防火堤(或墙)基脚。油罐组防火堤的人行踏步不应少于两处。

立式油罐的防火堤实高不应低于1m，且不宜高于1.6m，卧式油罐防火堤实高不应低于0.5m，防火堤的实高比计算高度高出0.2m。如采用土质防火堤，堤顶宽度不应小于0.5m。

2）人工洞石油库储油区和油罐区的布置，应符合下列要求：

① 油罐室。山洞油库的油罐室宜顺山脊走向布置，最大限度地利用岩石覆盖层的厚度。油罐室顶部岩石覆盖层的厚度，应满足防护要求。洞内的油罐间距主要是根据石质和油罐直径而定。人工洞内油罐之间的距离，不宜小于相邻较大油罐室毛洞的直径。

② 主巷道及其出入口。主巷道衬砌后的净宽，不应小于3m，边墙的高度，不应小于2.2m。主巷道的纵向坡度不宜小

于5%。

为了生产安全和施工排渣，并使投产后便于通风，每条主巷道的出入口，不宜少于两处(尽头式巷道除外)，洞口宜选择在岩石较完整的陡坡上。

③ 变配电间、空气压缩机间、发电间。主巷道内容易积聚油气，形成爆炸危险场所，而变配电间、空气压缩机间、发电间是易于散发火花的地点，故不应与油罐室布置在同一主巷道内。如果必须进洞，应另辟单独洞室，并单设出入口。当其布置在单独洞室内或洞外时，其洞口或建筑物、构筑物至罐室主巷道洞口油罐的通气管和油罐室的排风管的距离不应小于15m。

④ 油泵房、通风机室。油泵房、通风机室不散发火花，可采用防爆型设备，同油罐室布置在同一主巷道内，与油罐室的距离不应小于15m。

⑤ 洞内油罐。同一个贯通式巷道内的油罐总容量不应大于100000m^3，油罐不宜多于15座；同一个尽头式巷道内的油罐总容量不应大于40000m^3，油罐不宜多于6座。储存丙B类油品的油罐座数，可不受此限。

洞内的油罐锈蚀比较严重，必须经常检查和涂刷油漆。油罐顶与油罐室顶表面的距离，不应小于1.2m；油罐壁与油罐室壁内表面的距离(环形通道的宽度)，不应小于0.8m。油罐壁与油罐室防爆墙的距离，不应小于1.5m。

2. 装卸区的布置

(1) 铁路装卸区的布置

该区宜布置在油库或装卸油站的边缘地带，不宜与库和站出入口的道路相交叉，铁路装卸油专用线车位按双股道尽头式布置。铁路装卸区经常装卸油品，石油蒸气浓度大，为了预防火灾，应尽量布置在辅助生产区的上风，并和其他建(构)筑物保持一定安全距离。

铁路装卸油品作业线的中心线至库内非罐车铁路装卸作业线的中心线的安全距离，应符合下列规定：

1）装卸甲、乙类油品的作业线两边各15m范围内属于爆炸和火灾危险场所，一切能产生火花的作业都不能靠近，故规定二者间距为20m；

2）丙类油品火灾危险性比甲、乙类油品小，其距离可以缩小至10m。

装卸油品作业线的中心线至库内道路（消防道路除外）的距离，不应小于10m。

鹤管周围15m范围内为爆炸和火灾危险场所，故装卸油鹤管距石油库围墙大门，不应小于20m。

铁路中心线至围墙的铁路大门边缘的距离不应小于3.2m；无附挂调车作业时，不应小于2.44m；铁路中心线至装卸油品暖库大门边缘的距离不得小于2m。

标准轨距铁路车辆限界宽3.4m。超限货物在任何部位与建筑限界之间的距离在70～100mm时，时速不超过15km/h。油罐车在装卸油品作业线上运行速度不超过5km/h，其摆动量不会大于0.1m。按施工装卸油品作业线和装卸油栈桥时误差最大按0.05m考虑。铁路装卸作业线的中心线与装卸油栈桥边缘的距离，自轨面算起3m以下不应小于2m，3m以下不应小于1.75m。在无栈桥一侧，其中心线与其他建筑物或构筑物的距离，露天场所不应小于3.5m；非露天场所不应小于2.44m。

两条铁路作业线共用一座栈桥或一排鹤管时，两条作业线中心线的距离，不宜大于6m。

相邻两装卸油品栈桥之间两条铁路装卸油作业线中心线的距离，当二者或其中之一用于甲、乙类油品时，不应小于10m；二者都用于装卸丙类油品时，不应小于6m。

（2）水运装卸区的布置

水运装卸区的内河装卸油品码头应建在其他相邻码头或建（构）筑物的下游，如确有困难时，在设有可靠的安全设施条件下，亦可建在上游。

海港（包括河口港）装卸油品码头，不宜与其他码头建在同一港区水域内，如确有困难时，在设有可靠的安全设施条件下（如加强消防和防污染等措施），亦可建在同一港区水域内。

根据英国工程师学会 34 期论文集《装置布置的安全设计》给出油气扩散的经验公式，相邻两泊位的净距主要考虑船舶靠离的安全距离，与船长有关；油船泊位之间的净距应比一般客、货船泊位之间的净距要大一些；大油船所需的制动距离较大。油驳油舱离船头、船尾其距离应大一些。装卸油品码头相邻两泊位间的安全距离符合下列规定：

1）长度小于或等于 150m 的机动船舶，不应小于两泊位中较大设计船型总长度的 0.2 倍；

2）长度大于 50m 的机动船舶和非机动船舶，不应小于两泊位中较大设计船型总长度的 0.3 倍。

（3）公路装卸区的布置

公路装卸区应布置在石油库面向公路的一侧，油库出入口附近，并尽量靠近公路干线。宜设围墙与其他各区隔开，并应设单独的出入口。在出入口处应设业务室、休息室，外来人员只限在该区活动，以利于安全管理。

装卸区的场地要根据来车的车型大小和来车量，规划行车线路、倒车和回车面积。出入口外应设停车场，待装车辆有秩序地进库装油。

对有些允许用拖拉机提运油品的油库，必须设置专门的拖拉机灌装场地，防止拖拉机排气管的火星引起火灾事故。

灌油亭（间、棚）周围的停车坪、行车道等均应带有排水坡度，在适当位置设置排水沟和集水井以及给水栓和阀门井，以便需要时接胶管冲洗油污水和排水。

3. 辅助生产区的布置

锅炉房为明火生产建筑，应布置在油罐区主导风向的下侧，在有油气的生产车间的下风向，尽量缩短管线，减少热损耗，并考虑自流回水的可能性。

修洗桶间与罐桶间、堆桶场等有密切联系，布置要符合空桶检验路线和修洗桶的操作流程，避免反复交叉。

消防泵房的设置，要便于进水，便于瞭望油罐区和消防人员的活动。消防水池或水塔应靠近消防泵房。

变配电间要布置在消防泵房附近，并与油泵房等主要动力用电建筑相接近，即尽可能位于供电负荷中心地段，以便于连接外线。

4. 行政办公区的布置

办公区内的一些业务部门，一般布置在油库主要出入口附近，并设单独对外的出入口，必须设围墙(栅)与其他各区隔开。

5. 油库内道路的布置

库内道路设计的具体要求如下：

(1) 油罐区的周围应设环形消防道路，油罐组之间宜设宽3.5m消防道路与环形消防道路相连通。三、四、五级油库和位于山区或丘陵地带的石油库可设有回车场的尽头式消防道路。油罐区消防道路与防火堤坡脚线之间的距离，不应小于3m。

(2) 铁路装卸区应设消防道路，消防道路与库内道路构成环行道，或设有回车场的尽头式道路。

(3) 码头装卸区应设完善的消防道，通向码头的引桥道面净宽应不小于4m。

(4) 消防道路两侧栽植树木时，株距应满足消防操作的要求。

(5) 油库通向公路的车辆出入口，应分开布置。库区进出口道路的坡度不应大于6%。油库内道路应尽可能布置成环形道，对于库内有汽车往返交叉作业的路段，其路面应为不小于6.5m宽度的双车道；对于较少行驶车辆的路段，其路面应为不小于3.5m宽度的单车道，但应在适当地段设错车道。库内单车道的错车道宽度应为路宽加2.5m，其平行段的长度为10m，两端斜向连接段的长度各为10m。

6. 污水处理设备的布置.

污水处理设备，应便于承接各种污水管道和适合处理后的排放方向，并与行政管理区与生活区有一定的距离和处于下风方向，宜结合总平面及地形特点集中布置。

7. 油库内各种管道的布置

管线(或管沟)平行于建筑物敷设时，管中心线与建筑物基础边缘最小距离 L 可参考下述公式确定：

开挖埋管时

$$L = l + \frac{a}{2} = \frac{H - h}{\tan\alpha} + \frac{a}{2} \tag{2-5}$$

管沟敷设时

$$L = l + b = \frac{H - h}{\tan\alpha} + b \tag{2-6}$$

式中 a——开挖埋管时，槽底最小宽度，m；

b——管线中心至管沟底外边缘宽度，m；

α——土壤内摩擦角；

H——开挖管槽(沟)的深度，m；

h——建筑物基础深度，m；

l——建筑物基础边缘至槽底或管沟基础边缘的距离，m。

三、立面布置

1. 确定标高的原则

油库中各工艺设备、建(构)筑物和管线的标高应遵循如下原则：

1) 储油区一般应布置在较高的地方，油罐基础顶面应高出设计地面0.5m以上；

2) 山洞库和覆土隐蔽库的罐区标高，宜高于铁路、水路和分路装卸区，以利实现自流作业和输油管的放空；

3) 对于铁路或公路运输采用的建(构)筑物，应根据交通工具运送的物品来决定其标高；

4) 库内铁路作业线应为平坡段，其轨面标高应与库外专用线的技术条件相适应，同时，铁路作业线最好布置在油库最高(卸油栈桥)或最低(装油栈桥)的地方，以便实现自流作业；

5）卸油泵房的地坪标高最好比轨顶标高和油罐罐底标高低1m以上，以保证油泵有足够的吸入头；

6）公路装卸区的场地标高，应与库外公路专用线的技术条件相适应，最好低于储油区标高，以便实现自流罐装；

7）各建筑物室内的地坪最好高出最高地下水位0.3～0.5m；

8）各种埋地管线应敷设在最高地下水位以上，冰冻线以下，管顶距地面不应小于0.5m；

9）要充分利用地形、地势，使填方、挖方工程量小；

10）立面布置需要大开挖、大削坡时，须详细核对地形、地貌和地质资料，要注意防止滑坡、塌方等情况发生，要尽可能减少挡土墙、护坡等附属工程量；

11）立面布置应保证场地雨水迅速排除，场地平整有3‰～5‰的坡度；

12）运输及消防道路纵向坡度为4%～8%。

2. 库区标高的确定

根据油库内的最高地下水位和埋地工艺管线的标高，先确定好装卸油泵房和油罐罐地标高，再确定其他建筑物的标高。通常油罐基础高度不宜超过0.8m，泵房地坪标高不宜低于场地或道路标高，一般以高出0.1～0.2m为宜。埋地管线在室内的最高标高，应不影响铺地面；在室外，应低于冰冻线以下，但不应小于地坪标高0.5m以下。

第三章 储油罐分类及附件

第一节 概 述

石油的开采、炼制和消费离不开油库，油库的主体是储油区，是安全保卫的核心。储油区占地面积最大，投资比例最高，常占油库总投资的一半以上，这里集中储存了油库中几乎全部的散装油品。

储油区是由各种不同类型的油罐组成，油罐是目前应用最普遍的一种储油方式。它很少受自然条件和地理位置的制约，储油容量可以根据需要灵活确定。一般油库储油区的主体就是由若干油罐组成的。油库和油罐的发展是随着石油工业和国民经济的发展而发展的。油罐材料经历了非金属到金属再到非金属的循环发展历程，油罐容量经历了由小到大再到特大的过程。

最初的储油设备非常简单，利用简单的容器或坑穴等来进行储油。直到19世纪的70年代，在油库中才开始使用钢材作为储油容器，最初的容量非常小，随着科技的进步和石油化工工业的发展，世界各地都建设了大型油罐。如早在1967年在委内瑞拉就建成了150000m^3的浮顶油罐，1971年日本建成了160000m^3的浮顶油罐，而世界产油大国之一的沙特阿拉伯也已成功建造了200000m^3的浮顶油罐。目前世界上最大的油罐是美国的230000m^3特大型油罐。我国油罐从最初的几十立方米发展到十几万立方米，已经逐步形成了油罐的系列化。随着我国经济的快速发展，大型油罐的发展也非常迅速。

油罐的形式已发展成多样化、配套化、系列化。其中立式、卧式金属球顶油罐和立式浮顶油罐使用最为广泛；球形底罐、球形罐、滴状罐等得到了完善与发展。油罐种类繁多，形态不一，结构也比较复杂。容量小的几立方米，大的二十多万立方米。其常用的分类方法有按照安装位置、建筑材料、几何形状和护体结构四种分类方法，其中以几何形状分类使用较多。

一、安装位置

按照油罐的安装位置，可分为地上油罐、地下油罐、半地下油罐和山洞油罐。

1. 地上油罐

地上油罐将储油罐设置在地面上，这种油罐具有投资少、建罐快、易管理维修的特点。它的缺点是占地面积大、油品蒸发损耗比较严重、着火危险性大。一般的商业油库、油田和炼油厂的附属油库、工厂企业的附属油库多建造地上油罐。

2. 地下油罐和半地下油罐

地下油罐和半地下油罐顶部常覆土0.5~1m。

罐内油品的最高油位，比其4m范围内邻近地面的标高低0.2m的油罐称为地下油罐。世界上第一个钢制地下油罐是1985年，日本矿业公司在水岛炼厂建成两个直径90m、深50m、总容量为130000m^3的钢制油罐。

罐底埋深大于油罐本身高度的1/2，而且油品的最高油位比其4m范围内邻近地面高出0.2m以下的油罐称为半地下油罐。

这两类油罐的设计比较相似，因此具有类似的特点。其优点是：由于这两类油罐深埋于地下，因此罐内温度很少受大气温度的影响，因而对油品加热时的热损失较少；油品蒸发损耗也比较小；着火危险性也就比较小，即使这两类着火也不易危及相邻油罐；而且具有一定的隐蔽效果。它们的缺点是：施工长、造价高、操作管理不便，而且泵的吸入条件较差。如果地下水位较高时，油罐还需作特殊处理。

地下油罐和半地下油罐应采用非金属材料建造，这样不仅可以节省钢材，而且可以充分利用非金属材料抗压强度高的优点。地下油罐和半地下油罐既有隐蔽条件，又有很强的防护能力；因此广泛用于城市汽车加油站和军用隐蔽油库。

3. 山洞油罐

山洞油罐是将储油罐设置在人工开挖的山洞（或天然的山洞）中。山洞罐的优点是油品蒸发损耗少，防火性好，不占农田或占农田很少，利用山体作覆盖掩体有很强的防护能力；其缺点是投资大、施工慢、洞内潮湿易腐蚀油罐。这种油罐主要用于军用隐蔽油库或国家储备库。

二、建筑材料

按照油罐的建筑材料，油罐可分为金属罐和非金属罐两大类。

1. 金属罐

金属罐是用钢板焊成的薄壳容器，具有造价低、不渗漏、施工方便、易于清洗和检修、安全可靠、耐用、适宜储存各类油品等优点，因而目前得到广泛应用，但金属油罐在洞库等潮湿条件下易腐蚀。

2. 非金属油罐

非金属油罐不用钢材或者可以大量节省钢材，过去曾在我国大力推广，主要用来储存原油或重油。对非金属油罐作防渗处理后也曾用来储存轻质油品，这样做可以节省钢材。非金属油罐除能节省钢材外，储存原油或轻质油品时，还可以降低油品小呼吸蒸发损耗，这是由于非金属材料的导热系数小，罐壁厚，因而储存热油时热损失小；由于非金属罐刚度大、承受外压能力强，适宜于建成地下或半地下油罐，有利于隐蔽。但是非金属材料抗拉强度低，油罐高度受到限制，要建造大型的非金属油罐只能增大其横截面积，因此它占地面积大，不易清洗和检修油罐，一旦发生火灾，扑灭火灾非常困难。

三、几何形状

对于金属罐，按照形状进行分类，可分为立式圆筒形金属油罐、卧式圆筒形金属油罐、球形金属油罐和滴状金属油罐。

立式圆柱形金属油罐根据顶的结构又可分为固定顶油罐和活动顶油罐两大类。固定顶油罐中包括拱顶油罐、准球形顶油罐。活动顶油罐中又包括无力矩顶油罐及浮顶油罐（其中包括外浮顶油罐和内浮顶油罐）。浮顶油罐具有可变的气体空间体积，或者基本上消除了气体空间，因而特别适宜于储存易挥发性油品，以减少其蒸发损耗。

立式圆柱形拱顶油罐结构简单、备料方便、施工快，可用来储存各种油品。浮顶油罐具有降低油品蒸发损耗、减少大气污染、火灾危险性小等特点，特别适宜于储存原油和汽油等易挥发油品。

卧式圆柱形金属油罐容积一般较小，但承压能力较高，易于运输，有利于工厂化制造，因而得到广泛应用，多用来储存需要量不大的油品，或用于工厂、农村的小型油库。

球形油罐和滴状油罐等的特点是受力状态好、承压能力高、降低油品蒸发损耗效果显著，但是这类油罐施工困难。因此目前只有球形罐被广泛用于储存液化气和某些高挥发性的化工产品。

对于非金属油罐包括土油罐、砖油罐、石砌油罐、钢筋混凝土油罐等。

常用的是钢筋混凝土油罐，它多做成圆柱形。这种油罐的罐顶可做成拱顶、无梁顶或梁板顶。拱顶钢筋混凝土油罐，罐内没有立柱，球缺形拱顶经圈梁直接支撑在罐壁上。无梁顶罐，罐内只有立柱，无梁，顶板直接支撑在立柱上。梁板顶罐，罐内油立柱，立柱上面架圈梁，扇形顶板支撑在圈梁上。

砖油罐罐壁是砖砌的，但顶、底仍采用钢筋混凝土结构。砖罐壁也可以采用预加压应力的措施。砖油罐可做成圆形截面的，也可以做成矩形截面的。

四、护体结构

油罐按照护体结构进行分类，可分为掩埋油罐、掩体油罐和洞式油罐。洞式油罐又可分为离壁油罐和贴壁油罐两种。

在选择油罐类型时，应综合考虑油库类型、油品性质、周转频繁程度、储油容量、建设投资和建造材料供应情况等多种因素。对于民用中转油库、分配油库及一般企业附属油库，宜选用地上罐；对于要求隐蔽或要求具备一定防护能力的油库，如国家储备库、某些军用油库，宜选用山洞罐、地下罐或半地下罐。挥发性较低或不挥发的油品，宜选用拱顶油罐；易挥发油品，宜选用浮顶油罐或其他变容积罐。油罐建造应优先选用钢罐，只有在建造钢罐确有困难时，才考虑选用小型非金属罐。如果要求储量较大且周转频繁时应优先选用浮顶油罐。

第二节　立式拱顶金属油罐

用钢板焊接而成的金属油罐是应用最广泛的储油设备。早期的金属油罐，壳板之间多采用铆接或螺栓连接。这类油罐拆迁方便，但施工麻烦、严密性较差，目前几乎全部采用焊接金属油罐。

制作金属油罐的板材，一般采用 A_3F 普通碳素钢(平炉沸腾钢)，寒冷地区(周围环境最低温度低于 -20℃)采用 A_3F 普通碳素钢(平炉镇静钢)。容量超过 10000m^3 的大油罐，为降低壁厚、便于施工，下部几圈钢板或全部钢板可采用高强度低合金钢板，例如 16Mn 钢板。板材的化学成分和机械性能应符合国家标准，常用板材的尺寸为 1.5m×6.0m(板厚大于 4mm)或 1.2m×6.0m(板厚 4mm)。

立式圆柱形金属油罐由罐顶、罐壁、底板及一些油罐附件组成。由于这种油罐罐壁部分的外形为母线垂直于地面的圆柱体，因此称为立式圆柱形金属油罐。按照罐顶的结构形式，立式圆柱形油罐又可分成很多种，其中目前应用最广泛的是拱顶油罐和内、外浮顶油罐。立式圆柱形金属油罐的设计容量从 $100m^3$ 到几十万立方米，我国目前建造的立式圆柱形金属油罐中，最大容积为 $150000m^3$。不管容量大小或罐顶结构形式如何，立式圆柱形金属油罐一般都是在现场焊接安装，底板直接铺在油罐基础上。其罐壁、底板、基础的做法基本相同。

一、罐顶

拱顶油罐的罐顶为球缺形，球缺半径一般取为油罐直径的 0.8～1.2 倍，顶板厚度为 4～6mm。拱顶本身是承重构建，能承受较高的内压，一般的拱顶油罐可承受 2kPa 压力，最大可至 10kPa，因此有利于降低油品蒸发损耗。拱顶结构简单，便于备料和施工。当油罐直径大于 15m 时，为了增强拱顶的稳定性，拱顶要加设肋板。拱顶油罐的最大经济容积一般为 $10000m^3$，容积过大单位容积的用钢量比其他类型的油罐多，而且不能储油的拱顶部分过大会增加油品的蒸发损耗，因此不宜建造容积超过 $10000m^3$ 以上的拱顶油罐。

按照拱顶油罐结构形式，可分为球形拱顶和准球形拱顶，如图 3－1 所示。

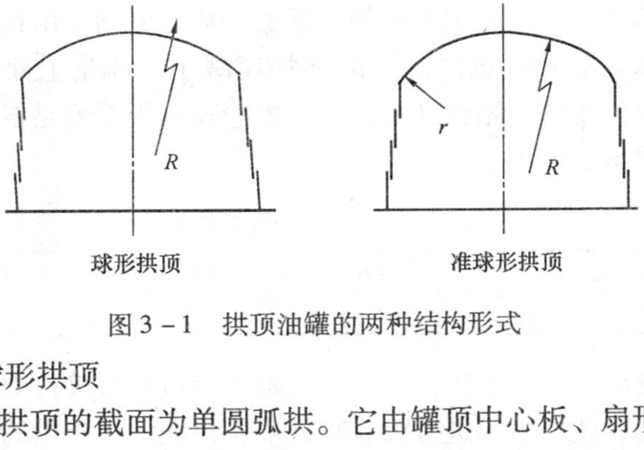

图 3－1　拱顶油罐的两种结构形式

1. 球形拱顶

球形拱顶的截面为单圆弧拱。它由罐顶中心板、扇形顶板和加强环组成。扇形顶板设计成偶数，相互搭接，搭接宽度应不小于5倍板厚，并且宽度不应小于25mm，工程实际上多采用的搭接宽度为40mm，罐顶板与加强环采用边连续焊，内侧严禁焊接，这样做可以在发生火灾爆炸时，掀掉罐顶。罐顶中心板与各扇形顶板间也采用搭接，搭接宽度一般为50mm。

加强环又称包边角钢，用来连接顶板和壁板，并用来防止在拱脚处产生很大的压力而破坏油罐，球形拱顶油罐装油高度只能达到加强环处，并且拱顶内部不宜装油。

这种拱顶结构简单、施工方便，因此应用比较广泛，我国目前建造的拱顶油罐绝大部分是这种球形拱顶油罐。

2. 准球形拱顶

准球形拱顶的截面呈三弧拱，顶板中间是曲率半径为油罐直径的0.8~1.2倍大圆弧板，顶板周围与壁板连接的小圆弧曲率半径是大圆弧曲率半径的1/10。

这种结构形式的拱顶油罐受力情况较好，承压能力较高，但由于施工困难，实际上很少使用。

二、罐壁

油罐壁板是油罐的主要受力构件，能承受来自液体压力作用下的环向拉应力。液体压力是随液面高度的增加而增大，因此壁板下部的环向压力大于上部的。根据等应力原则下由计算可以确定罐壁厚度随着油罐的高度的增加而减小，即是上面小、下面大。目前，我国油罐设计规范中，罐壁顶圈板厚度是根据油罐的容积确定的。

表3-1　罐壁顶圈板厚度

油罐容积/m^3	≤3000	5000~10000	20000~50000
罐壁顶圈板厚度/mm	4~5	5~7	8~10

罐壁底圈的厚度最大。由于油罐焊接后很难进行焊缝的焊后热处理，因此要从不进行焊后热处理并保证焊接质量的条件来限制油罐的最大壁厚。美国和日本规定的最大壁厚为38mm，英国

规定为40mm，我国建造的50000m³罐，其最大壁厚为32mm。

罐壁的竖直焊缝一般都采用对接，环向焊缝则根据使用要求可以是搭接，也可以是对接。上下相邻壁板之间的连接方式有交互式、套筒式、对接式和混合式四种，见图3-2。

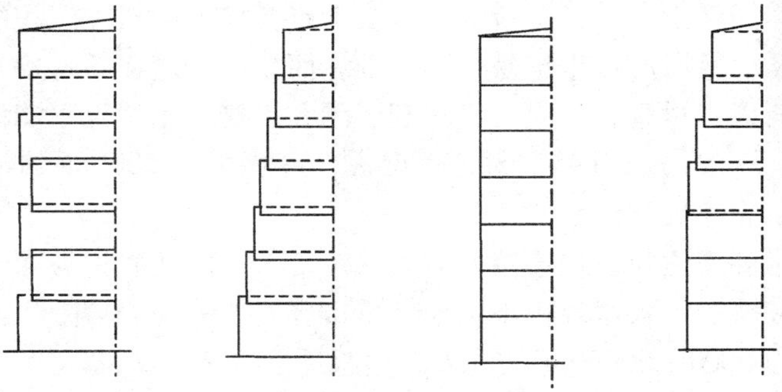

图3-2　立式圆柱形油罐圈板配置图

对于铆接油罐过去用交互式连接壁板，但是由于安装不方便，现在已基本不使用。只是在具有相同球缺顶底板的立式圆柱形油罐才使用这种连接方法。

套筒式连接是把上面壁板插入到下面壁板里面，壁板间的环向焊缝采用搭接，油罐壁板的直径越往上越小。套筒式连接方法施工方便，容易保证焊接质量，因此应用最广泛。

对接式连接是上下壁板之间的环向焊缝采用对接，整个油罐的上下具有相同的直径。对接式连接对施工要求较高，主要用于浮顶油罐，以保持浮顶上下运动时具有相同的密封间隙。

为保证焊接质量，对接焊缝在钢板厚度等于或大于6mm时，应开坡口。钢板对接焊时，对接高度应为板厚的6~8倍，一般为35~60mm。

混合式连接是下面几圈采用对接式，上面采用套筒式连接。大容积油罐过去常用混合式。但是由于采用混合式连接的油罐下面几圈钢板很厚，用对接的方法不易保证焊接质量，因此这种连接方式现在已很少采用。

三、底板

立式圆柱形油罐的底板由于受到罐内油品压力和油罐基础支撑力相等，因此所受合力为零，不受力。底板的外表面与基础接触，容易受潮，并且底板的内表面又经常接触油料中沉积的水分和杂质，所以底板很容易受到腐蚀。而且由于底板不易检查和修理，所以，尽管它不受力，只起密闭和连接作用，也不能设计的太薄。一般仍采用 4 ~ 6mm 的钢板，容积大于 5000m^3 的油罐要采用 8mm 厚钢板。

罐底周边与壁板连接处应力比较复杂，因此底板外缘的边板采用较厚的钢板。容积不大于 3000m^3 的油罐，边板取 4 ~ 6mm，容积为 5000 ~ 50000m^3 的油罐，边板厚度取 8 ~ 12mm。

油罐底板的结构有两种形式，一种是油罐内径大于或等于 12. 5m 时，罐底宜设环形边缘板的底板；一种油罐内径小于 12. 5m 时，罐底可不设环形边缘底板。

油罐底板的设置根据油品质量要求分为锥形和倒锥形两种，一般成品油多采用锥形底板，航空燃料油多采用倒锥形底板，从底板中心引出排污管。

四、油罐基础

1. 基础的作用

油罐基础可支撑油罐，将油罐重量传递给地基土壤，使罐体荷载传递给地基的压力分布较为均匀，保证油罐安装精度，防止油罐产生过大的不均匀沉降。隔绝地下水，具有防潮作用，保持罐底干燥，防止罐底钢板腐蚀等。

2. 地基要求

油罐基础是油罐壳体本身和所储油品重量的直接承载物，并将这些载荷传递给地基。建造油罐处的地基土壤地质情况要求均匀，土壤耐压能力根据油罐高度确定，一般不小于 100 ~ 180kPa，地下水位最好低于地基槽底面 0. 30m。地质条件不良的地方不宜建罐，如果必须在这种地区建罐，则应对地基作特殊处理，防止发生不均匀沉陷或基础破坏。

3. 地基做法

油罐基础的一般做法是最下层为素土层，往上依次为灰土层、粗沙碎石垫层和沥青沙防腐层。各层铺平夯实，来增强基础的稳定性。

素土层是把开挖好的基槽底面上的素土夯实而成。素土指的是没有有机物等垃圾(包括建筑垃圾)的土。

灰土层是将石灰和土以3:7的比例掺合后铺平夯实，用以增强油罐基础的稳定性，也可以采用碎砖三合土夯实来代替灰土层。

粗沙碎石垫层是采用含泥量不大于5%的粗砂或中砂构成，并且将其铺成中心高周边低的锥形，粗沙碎石垫层厚度应在0.20~0.30m范围内。粗沙碎石垫层能起到防止罐底潮湿并减轻罐底腐蚀的作用，这是由于沙的毛细管作用小，因此地下水穿过粗沙碎石垫层上升的高度不会超过0.15m。另外，沙颗粒间的黏结力小，具有弹性，能将罐底板传来的压力均匀分布在地基土壤上，因而当油罐有不严重的不均匀沉陷时，粗沙碎石垫层可起到限制油罐不均匀沉陷发展的作用。

沥青沙层一般厚度不超过0.1m，且应滚压密实。沥青沙是用杂质含量不超过4%的中沙或细沙同沥青加热均匀搅拌而成。沥青常采用30乙号石油沥青，每立方米干沙大约加150kg沥青。沥青沙层随着粗沙碎石垫层铺成中心高周边低的圆锥形，锥顶高度取为基础半径的1.5%，以便基础正常沉陷后使罐底趋于水平。其作用是防止底板腐蚀，延长使用寿命。

4. 油罐的基础形式

油罐基础应该根据油罐的类型、容量和使用要求，地形、地貌、地质条件，以及施工技术条件等因素，合理选择基础类型。常用的油罐基础型式有下列五种。

(1) 护坡式油罐基础

若地基土的承载力能够满足油罐荷载的要求，且沉降量较小时，一般采用护坡式油罐基础，这种基础可采用块石浆护坡、石砌护坡、混凝土护坡等。

（2）块石环墙式基础

若地基土的承载力能够满足油罐荷载的要求，但沉降量较大时，一般采用块石环墙式基础。

（3）凝土环墙式油罐基础

若油罐建造在软土上或在地震区时，一般采用钢筋混凝土环墙式油罐基础。

（4）外环墙式基础

在软弱地基上建造油罐时，对于容量为20000m^3以上的浮顶油罐一般采用外环墙式油罐基础。

（5）特殊构造的油罐基础

若罐内储存介质的温度为80～100℃时，对油罐的基础构造要求作特殊处理。

油罐装油后，基础将发生下沉。随地基土壤孔隙比的不同，油罐的沉陷量也不同，严重时下沉量可达数十厘米，甚至更多。因此在进行油罐基础设计时，应根据勘测资料计算地基沉陷量，并做好油罐与管线的弹性联接，以免油罐下沉时扯断管线。砂质土的沉陷较快，一般在油罐的试水阶段基础沉降就可达到稳定。

在软基础上建筑油罐时，如设计上允许基础有较大的沉陷，沉陷量不受50mm的限制。考虑到基础沉降和为了排水的方便，油罐基础必须高出底面至少0.40m，要求沉陷后仍高出地面，以防在基础处积水。在土质较软弱的地区建罐，设计上允许基础有较大沉陷时，可在砂基础外围做钢筋混凝土圈梁，以防基础下沉时罐底四周的砂垫层被挤出。

建筑在岩石基础上的油罐，油罐基础无需另行加强。但为了填平开挖的毛石茬口和排水，可铺0.05～0.10m厚的低标号混凝土，找平后再铺0.08m厚的沥青砂，并要求罐基高出周围地坪至少0.05m。

第三节 立式浮顶金属油罐

立式浮顶金属油罐是目前应用广泛的一种油罐，根据油罐壳体是否封顶分为敞开式浮顶油罐，也称为外浮顶油罐(简称浮顶油罐)和内浮顶油罐两种形式。外浮顶油罐通常用于储存原油，内浮顶油罐一般用来储存轻质油品。

浮顶油罐的基础、底板、罐壁与拱顶油罐基本相同，主要区别是增加了一个浮顶，其结构和使用操作都比拱顶油罐复杂。

一、浮顶的结构

浮顶是一种漂浮在油面上，并随油面升降的盘状物。由于浮顶与油面消除了气体空间，因而大大减少了油品蒸发损耗，降低了油气对大气的污染，减少发生火灾的危险性。同时，浮顶油罐也可减缓油品质量的变化。所以，浮顶油罐广泛用于储存原油、汽油和溶剂油等易挥发的油品。虽然建造浮顶油罐耗用的钢材和投资都比较大，但它可以从降低的油品损耗中得到抵偿。

浮顶的结构形式分为三种，包括浅盘式、双盘式和单盘式三种，见图3-3。

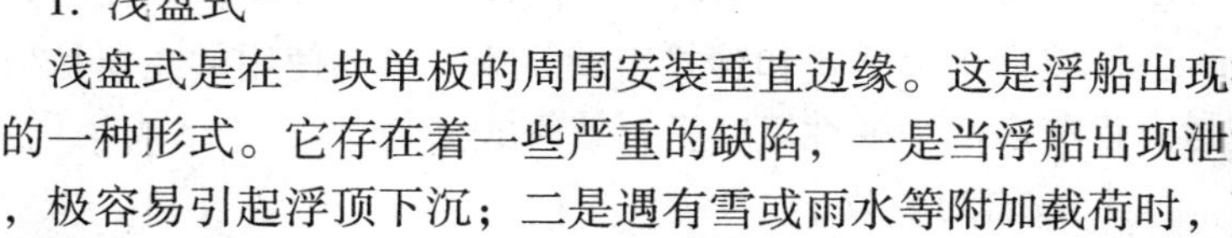

图3-3 浮顶结构示意图

1. 浅盘式

浅盘式是在一块单板的周围安装垂直边缘。这是浮船出现初期的一种形式。它存在着一些严重的缺陷，一是当浮船出现泄流时，极容易引起浮顶下沉；二是遇有雪或雨水等附加载荷时，可能严重影响浮船的稳定形；三是由于只有一层钢板，直接接触液体，阳光直接照射在浮顶上，可能导致顶板下部高挥发性流体沸腾。由于上述缺点的存在，这种形式已很少使用。

2. 双盘式

双盘式有上、下两层盖板，两层盖板之间由边缘环板、径向隔板和环向隔板分隔为若干互不相通、互不渗漏的隔舱。双盘式主要用于油罐容积在1000～5000m^3范围内的浮顶油罐。由于它的隔热性能好，又多用于轻质油罐。

3. 单盘式

单盘式浮顶的周边为环形浮船，中间为单层钢板，单层钢板与浮船之间用连接角钢连接。浮船内部同样由径向隔板分隔为若干互不相通的隔板，以便个别隔舱渗漏后不致使浮顶沉没。浮船顶板和底板均应有坡向中央的坡度，顶板坡度是为了排除雨水，底板坡度是为了使油面上的气汇聚于单盘的边缘，以便压力达到一定数值后由盘边的透气阀排出。因此，目前我国应用最广泛的浮顶是单盘式浮顶。但是由于中心板仍为单板，在阳光直接照射下，仍可能导致高挥发性油品沸腾，不适宜用于储存轻质油品。油罐容积大于5000m^3时，为了节省钢材，多采用单盘式浮顶。

二、密封装置结构

为保证浮顶能随液面升降而上下移动，在浮顶外缘环板与罐壁之间应留有0.20～0.30m的间隙，为防止油品蒸汽从这个间隙中逸出，在该位置要装有密封装置。密封装置既要压紧罐壁，减少油品蒸发损耗，防止风沙、尘土和雨雪对油品的污染，又不能影响浮顶随油面上下移动。密封装置应有良好的密封性能坚固耐用，结构简单，施工和维修方便，成本低廉。

密封装置的形式有很多种，大致可分为三大类：机械密封装置、弹性填料密封装置和管式密封装置。早期使用的主要是机械密封，目前多使用弹性填料密封或管式密封。

1. 机械密封装置

机械密封主要由金属滑板、压紧装置和橡胶织物三部分组成。金属滑板用厚度不小于1.5m的镀锌薄钢板制作，高约1～1.5m。在压紧装置的作用下，金属滑板紧贴罐壁，随浮顶升降而沿罐壁上下滑行。金属滑板的下端浸没在油品中，上端高于浮船顶板，在金属滑板上端与浮船外缘环板上端装有涂过耐油橡胶的纤维织物，使浮船与金属滑板之间的环形空间与大气隔绝。由于机械密封装置是利用金属板在罐壁上滑行来达到密封和调中的目的，因此英美等国又称机械密封为金属鞋密封。机械密封的优点使金属滑板不易磨损。其缺点是使加工和安装工作量大，使用时容易腐蚀和失灵，尤其是罐壁椭圆度较大或由于基础不均匀沉陷而使壁板变形较大时，很容易出现密封不严或卡位的现象。因此，其他性能更好的密封装置逐步取代机械密封。

2. 弹性密封装置

弹性密封装置是目前应用最广泛的密封装置。它将涂有耐油橡胶的尼龙布袋作为与罐壁接触的滑行部件，其中装有富于弹性的软泡沫朔料块，利用软泡沫塑料块的弹性压紧罐壁，以达到密封要求。这种密封装置使浮顶运动灵活、密封性好、对罐壁椭圆度及局部凸凹不敏感等优点。在浮船与罐壁的环形间隙为0.25m时安装的弹性密封装置，如果间隙在0.15～0.30m之间变化时密封装置均能保对良好密封。弹性填料密封的缺点是耐磨性差。因此，安装这类密封装置的油罐内壁多喷涂内涂层，这样既可防腐又可减少罐壁对密封装置的磨损。此外，在长期使用时，由于被压缩的软泡沫塑料产生塑性变形，其密封效果将逐步降低。

3. 管式弹性密封装置

管式密封由密封管、充液管、吊带、防护板等组成。密封管由两面涂有丁腈－40橡胶的尼龙布制成，管径一般为0.30m，密封管内充以柴油或水，依靠柴油或水的侧压力压紧罐壁。密封管由吊带承托，吊带与罐壁接触部分压成锯齿形，以防毛细管现象，对原油罐还能起刮蜡作用。吊带及密封管浸入油内，油面上无气体空间，由于密封管内的液体可以流动，因而管式密封装置的密封力均匀，不会因为罐壁的局部凸凹而骤增或骤减，对罐壁椭圆度有较好的适应能力，因而密封性能稳定，浮顶运动灵活。

4. 二次密封装置

弹性密封装置或管式弹性密封装置可以单独使用，也可以同附加密封装置一起使用。两者共同使用时，上述密封装置称为一次密封，附加密封装置称为二次密封。二次密封可装在机械密封金属滑板的上缘，亦可装在浮船外缘环板的上缘，后者主要用于非机械密封。二次密封多依靠弹簧板的反弹力压紧罐壁，利用包覆在弹簧板上的软塑料制品密封。加设二次密封可进一步降低油品静止储存损耗。

三、外浮顶油罐

外浮顶油罐是将浮顶装在上部开口的立式金属圆筒形油罐的液面上方的油罐，如图 3-4 所示。上部是敞口的，不再另设顶盖，浮顶的顶板直接与大气接触。从油罐结构设计的角度来看，外浮顶油罐不同于其他油罐的特点是要解决好风载作用下罐壁的失稳问题。为了增加罐壁的刚度，除了在壁板上缘设包边角钢外，在距壁板上缘约 1m 处还要设有抗风圈。其外形可以是圆的，也可以是多边形的。对于大型油罐，在抗风圈下面还要设一圈或数圈加强环，以防抗风圈下面的罐壁失稳。

外浮顶油罐不仅可以降低油品蒸发损耗，而且特别适宜建造

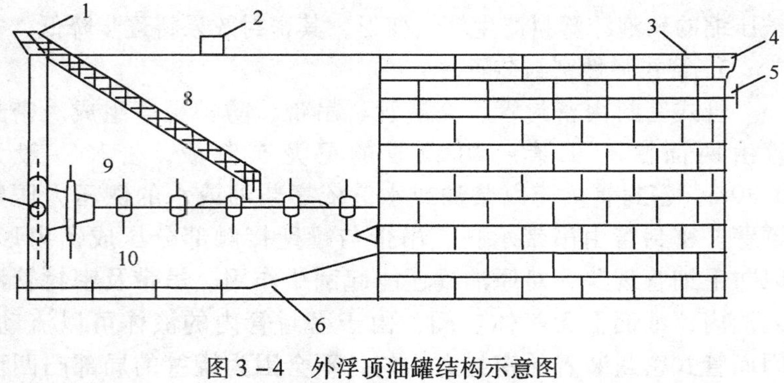

图 3-4　外浮顶油罐结构示意图

1—量油管；2—泡沫消防挡板；3—包边角；4—抗风圈；5—加强圈；6—排水折管；7—密封装置；8—转动扶梯；9—单盘板；10—浮顶立柱

大容积储罐。目前世界上最大的外浮顶储罐的容积已达160000m³，我国目前最大的外浮顶油罐为150000m³。建造大容积储罐，不仅可以节省单位储油容积的钢材耗量和建设投资，而且可以减少罐区的占地面积，节省油罐附件和罐区管网。但是，由于外浮顶油罐的浮顶面直接暴露于大气中，储存的油品容易被雨雪、灰尘等污染，所以外浮顶油罐多用来储存原油，较少用于储存成品油。

四、内浮顶油罐

内浮顶油罐是在拱顶油罐中加设内浮盘构成的，如图3-5所示。浮盘的结构和作用与外浮顶油罐相同。由于有拱顶的遮盖，在浮船上不会有雨、雪等外加荷载，阳光也不会直接射到浮船上引起液体汽化。因此，浮船一般采用单盘式。为保证浮盘上部空间有一定的换气次数，防止油气聚积到油品的爆炸低限范围，在罐顶和罐壁上部开设若干通气孔。罐顶通气孔开在拱顶中央，孔径一般为 ϕ250mm，通气孔上加设防雨罩。

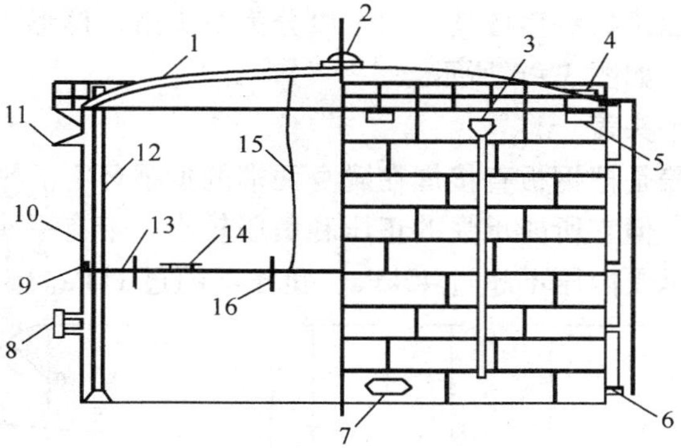

图3-5　内浮顶油罐结构示意图

1—固定罐顶；2—罐顶通气口；3—泡沫消防装置；4—罐顶人孔；5—罐壁通气孔；6—液位计；7—罐壁人孔；8—带芯人孔；9—软密封；10—罐壁；11—高液位报警器；12—量油管；13—内浮盘；14—浮盘人孔；15—静电导出线；16—浮盘立柱

由于内浮顶油罐兼有拱顶油罐和外浮顶油罐的优点，既可以降低油品蒸发损耗，又可以使油品不会被风、沙和雨雪污染，因而适合用来储存成品油，特别是汽油和航空燃料。另外，虽然内浮顶油罐比外浮顶油罐增加了拱顶的钢材消耗，但是也减少了附件的钢材消耗，因此比外浮顶油罐钢材消耗小。

第四节　卧式圆柱形金属油罐

卧式油罐常用于小型分配油库、农村油库、城市加油站、部队野战油库或企业附属油库。在大型油库也常用作附属油罐，如放空罐和计量罐。在炼油厂、石油化工厂广泛用作各种工艺容器。卧式罐还常被用来储存润滑油，因为润滑油往往品种多、数量少，适宜用容积小的卧式罐储存。

一、卧式金属油罐的结构

卧式金属油罐由头盖和罐身两部分组成。

1. 头盖

卧式油罐的头盖按其形状可以分为平头盖，球形头盖和碟形头盖三种，如图 3－6 所示。

(1) 平头盖

平头盖是把钢板直接焊在罐身两端的加强环上。平头盖的结构最简单，但它所能承受的正压和负压较小。带有平头盖的卧式油罐一般承受内压不超过 40kPa，负压不超过 1kPa。

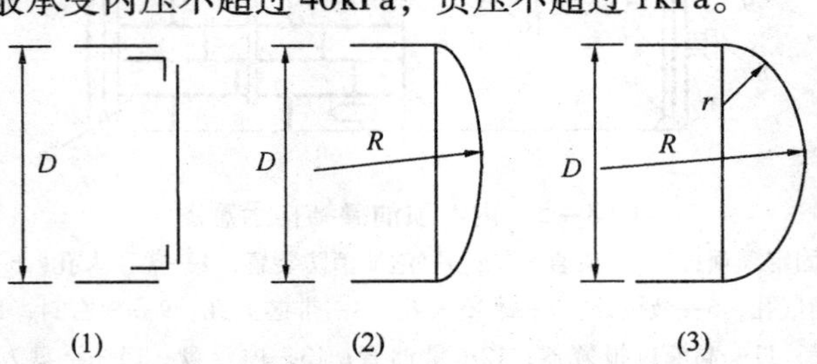

图 3－6　卧式金属油罐头盖形状示意图

（2）球形头盖

球形头盖是将钢板制成曲率半径 $R=D$（D 为罐身直径）的球形曲面，焊于罐身两端而成。这种头盖虽然施工方便，但却很少使用。因为在头盖与罐身连接处曲率发生突变，在尖角处产生局部附加应力，从而大大降低了油罐的承压能力。

（3）碟形头盖

碟形头盖也称为准球形头盖，碟形头盖中间是球形，球半径一般等于卧式罐直径，在与罐身连接处，头盖以较大曲率的圆弧过渡。碟形头盖常用冲压法或爆破成型法制造。头盖与球身处消除了尖角。这种卧式油罐由于制造方便，受力情况好而得广泛应用。带有碟形头盖的卧式罐可承受 0.2MPa 的内压。

2. 罐身

卧式油罐的罐身为圆筒形，它由若干圆圈相互连接而成。对于容量较小的卧式油罐圈之间采用螺旋形对接。罐身形状为螺旋形。油罐容量较大时，罐体的圆圈之间的环向焊缝采用搭接，纵向焊缝采用对接，圆圈间交互式排列，其数量一般为单数，使两端头盖的直径相等。为了防止运输中撞击变形，要保证油罐有一定的刚性，对于直径较大、罐壁较薄的油罐，当油罐半径 R 与身板厚度 δ 之比 >175 时，应在每个罐圈上加焊一个加强环。加强环一般采用角钢。

罐身的圈数大于 3 节时，每个油罐一般安装 ϕ700mm 和 ϕ500mm 的人孔各一个。ϕ700mm 的人孔供维修人员清洗油罐时进出使用，还可在其上面安装其他附件；小人孔供通风采光用。

二、卧式油罐的设计要求

卧式罐壁厚应根据它工作时可能承受的最大压力进行计算，并设置必要的刚性加强环。如果卧式罐埋于地下则不论工作时承受多大内压，都必须设置加强环，以保持外压作用下的稳定。加强环是用角钢煨制的。为了增大加强环的刚度，把角钢尖用断续焊缝焊在罐壁上。加强环中间有时还做三角支撑。

卧式油罐如果设置在地面上，一般常用两个高架支座来支撑。支座用钢筋混凝土或砖石做成，上部呈马鞍形，油罐支撑在鞍座上，鞍座做成90°~120°包角，支座宽度应比油罐直径至少大15%，支座厚度应不小于370mm。

当卧式油罐需要埋入土中时，应尽量放在地下水位以上，做成地下或半地下式，覆土厚度应不超过卧式罐的设计允许覆土厚度。卧式罐埋土前，罐身先做沥青防腐层。埋土时，应先将挖好的罐坑夯实，并铺20~30cm厚的粗砂。罐安置好后在它周围回填20cm厚的砂层，然后再覆土。若卧式罐要埋入地下水位以下，应作抗浮验算，并采取措施，以防止油罐抽空时浮起。具体做法是在罐基下部埋设混凝土块，用扁钢条把卧式罐固结在混凝土块上，使油罐本身自重、罐顶覆土重和混凝土块重的总和大于罐体及混凝土块在地下水中所受的浮力。

根据实际需要,卧式油罐可以设计成承受不同压力的各种结构。我国设计制造的卧式罐承受内压的能力为0.001~4MPa。高压卧式油罐用于储存液化气或蒸发性很强的化工产品。用于储油的卧式罐,承压一般不超过0.2MPa,卧式罐的单体容积为2~400m^3,直径为1.4~4.5m^3,长度为3~25m。100m^3的卧式罐,直径3m左右,长12m左右,可用火车运输。100m^3以上的卧式罐,由于尺寸太大,不便运输,一般只能在现场焊接安装,因此应用较少。

三、卧式金属油罐特点

1. 卧式油罐的优点

卧式圆柱形金属油罐的优点是：能承受较高的正压和负压，有利于减少油品蒸发损耗；可在工厂成批制造，然后直接运往工地安装，便于搬运和拆迁，机动性较大。

2. 卧式油罐的缺点

卧式圆柱形金属油罐的缺点是：单位容积耗用的钢材多，一般为40~50kg/m，高出立式圆柱形油罐一倍多；罐的单位容积小，在总量一定的情况下，油罐个数较多，因而占地总面积较大。

第五节　油 罐 附 件

油罐附件是油罐的重要组成部分。它的设置按其作用可分成四种类型：一是为了完成油品收发、储存作业和便于生产管理、经营管理而设置的；二是为了保障油罐使用安全，防止或消除各类油罐事故而设置的；三则是为了便于油罐清洗、检修设置的；四是为了降低油品蒸发损耗，改善生产管理而设置的。油罐内储存的油品类别不同时，油罐所配备的附件不尽相同。不同结构形式的油罐所配置的附件完全相同。

有些基本附件则是所有金属油罐都要配置的，例如梯子、栏杆、人孔、透光孔、量油孔、进出油短管、放水管等。有些附件是轻油和原油罐专有的，例如呼吸阀、液压安全阀、阻火器等。有些附件专用于储存重油和润滑油的油罐，例如加热器、通气短管、起落管等。油罐通常还装有静电接地装置和避雷针，这类附件是为了保证油罐安全。

本节着重介绍立式拱顶金属油罐的附件。

一、拱顶油罐的附件

1. 梯子和栏杆

梯子是为操作人员上到罐顶进行量油、取样等操作而设置的。目前应用最广泛的是罐壁盘梯。有些小油罐也使用靠墙式斜梯。

罐壁盘梯自上而下沿罐壁作逆时针方向盘旋，使工作人员下梯时能右手扶栏杆，以适合一般人的习惯。梯子外侧设1m高的栏杆作扶手。盘梯的踏板，靠近罐壁一侧直接焊在罐壁上，另一侧焊在盘旋状型钢上，并用斜撑杆固定于罐壁，而不需要另设梯子支架。盘梯底层踏板宜靠近油罐进出油管线，以利操作。罐壁盘梯占地面积少、节省钢材，因而得到广泛应用。靠墙式斜梯多用于小容积油罐或小容积油罐组。斜梯占地面积大，钢材耗量多，因而目前应用较少。

罐顶周圈上设0.8～1m高的栏杆，或至少在量油孔或透光孔旁的罐顶四周设局部栏杆，以保证工作人员操作安全。

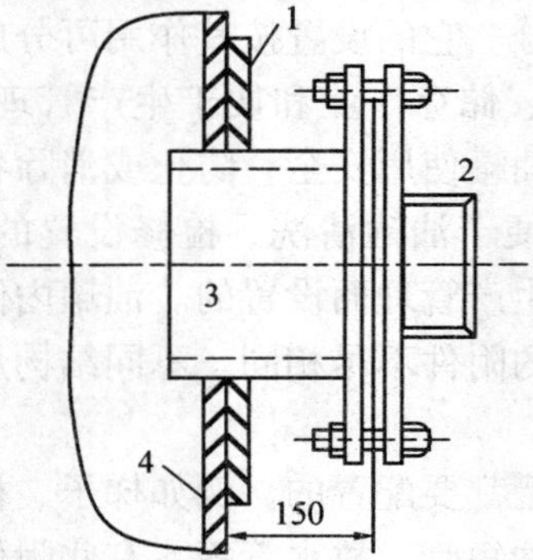

图3－7　人孔结构示意图

1—补强板；2—人孔盖；

3—人孔接合管；4—罐壁

2. 人孔

人孔设在罐壁最下层圈钢板上，直径为0.50～0.60m，人孔中心距底板0.75m，如图3－7所示。在油罐进行安装、清洗和维修时，工作人员可经人孔进出油罐，也可利用人孔进行通风。人孔设置的数量是根据油罐容积确定的，如：300m³以下的油罐设1个人孔，3000～5000m³的油罐设1～2个人孔，5000～10000m³的油罐设2个人孔，超过10000m³的油罐设置3个人孔。人孔的安装位置应与进出口管线相隔不大于90°。如果设一个人孔，则应置于罐顶透光孔的对面。如果设2个人孔，则一个设在罐顶透光孔对面，另一个应至少与第一个人孔相隔90°。

3. 透光孔

透光孔设在罐顶，用于油罐安装和清扫时采光或通风，如图3－8所示。保险活门和起落管的操纵装置失灵时，还可以利用透光孔来打开。透光孔直径为0.50m，高为0.175mm。透光孔设置的数目与人孔相同。如果油罐只设一个透光孔时，它应位于进出油管线上方的罐顶上。设两个透光孔时，则透光孔与人孔应尽可能沿圆周均匀分布，以利采光和通风，但至少有一个透光孔设在罐顶平台附近。透光孔外缘距罐底一般为0.80～1m。

4. 量油孔

量油孔是为了便于测量油面高低、取样、测温而设置的，其示意图见图3－9。每个油罐设一个量油孔，安装在梯子平台附

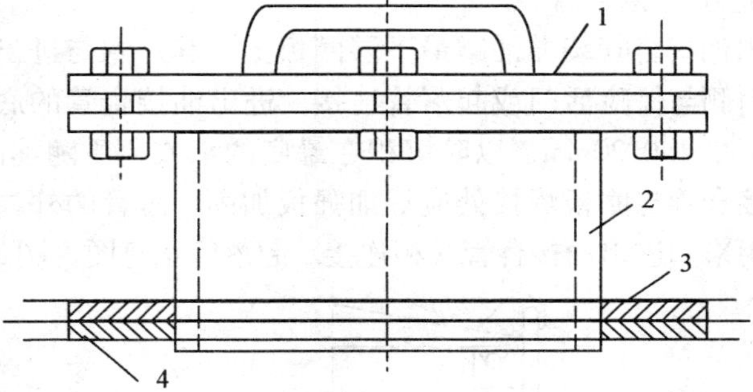

图 3－8　透光孔示意图

1—透光孔盖；2—接合管；3—加强板；4—油罐顶板

近，以便操作。量油孔一般为铸铁的，直径为 150mm。量油孔孔盖上镶嵌有软金属（铜、铝）、塑料或耐油橡胶制成的垫圈，这样做是为了防止关闭孔盖时因撞击而产生火花。在量油孔内壁的一侧装有铝制或铜制的导向槽，为了测量油高时每次都沿导向槽下尺。这样，既可减少测量误差，又可避免测量时由于钢卷尺与量油孔侧壁摩擦而产生火花。量油孔距罐壁的距离一般不小于 1m。量油孔启闭频繁、易损坏漏气，因此应经常检查其垫圈的严密性。

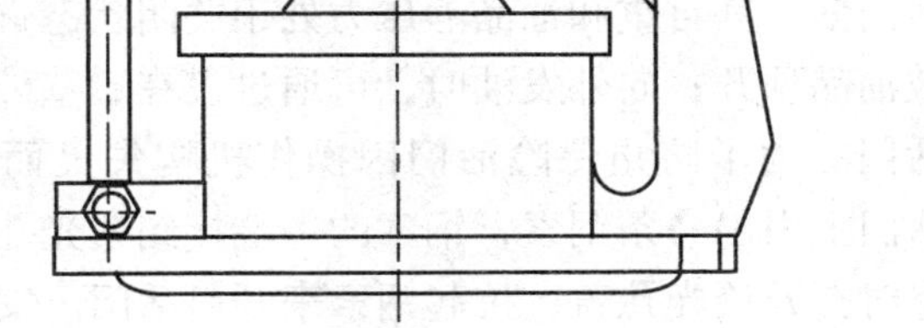

图 3－9　量油孔示意图

5. 进出油接合管

进出油接合管装在油罐最下层圈板上，其外侧与进出油管道连接，内侧与保险活门或起落管连接。进出油接合管的底缘距罐底一般不小于0.20mm，以防沉积在罐底的水或杂质随油品排出。进出油接合管与圈板焊接处应焊加强板加固。短管的外端应焊有法兰，用来和进出油接合管线相连接。起落管示意图见图3－10。

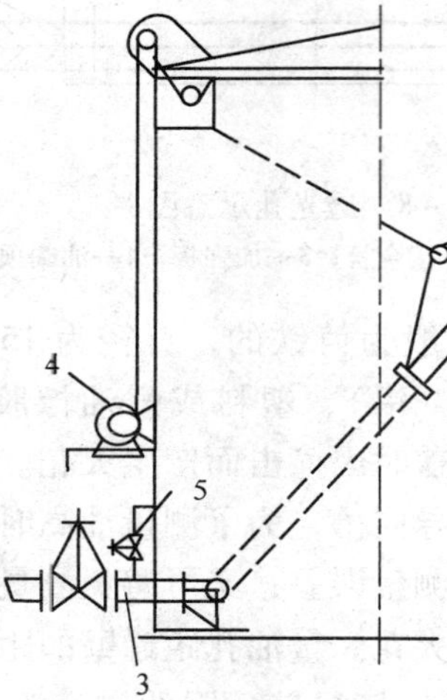

图3－10　起落管示意图

1—钢丝绳；2—起落管；3—进出油短管；4—升降机；5—旁路

6. 保险活门

保险活门是安装在进出油接合管罐内一侧的安全启闭装置。其作用是防止油罐控制阀破损或检修时罐内油品流出。无收发油作业时，活门依靠其自重和油品静压力处于关闭状态；油罐进油时，活门被油品顶开；向外发油时，可通过设在罐壁外侧的操纵机构打开活门。为了防止保险活门因操作机构失灵而无法打开时，要在活门上引出一条钢索，钢索的一端接到透光孔上。这样就可在必要时打开透光孔盖，拉起钢索来开启活门。安装起落管的油罐不设保险活门。

当罐内存油较多时，在压力作用下要开启保险活门将是很困难的，为此在进出油接合管的罐外一侧安装一根旁通管，发油时先将旁通管上的阀门打开，使保险活门两侧的压力平衡，以便于开启保险活门。其示意图如图 3－11 所示。

7. 放水管及排污孔

放水管及排污孔示意图分别如图 3－12 和图 3－13 所示。

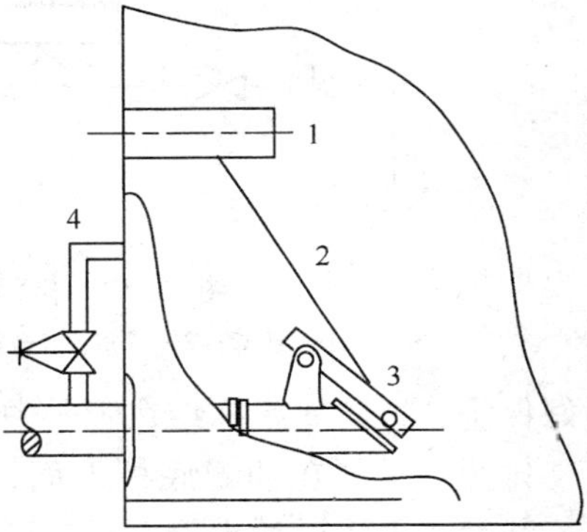

图 3－11　保险活门示意图

1—升降机；2—钢丝绳；3—保险活门；4—旁路

放水管是为了排放油罐底的残油和沉积水而设置的，油罐装设底阀或虹吸管。多数是利用虹吸作用或直接利用液体压力向罐外排出底油或水。常用的放水管有固定式放水管和装在排污孔盖上的放水管。放水管的口径根据油罐容积确定，容积小于 3000m^3 的油罐多采用直径为 50mm 和 80mm 的放水管，容积等于或大于 3000m^3 的油罐多采用直径为 100mm 的放水管。固定式放水管多用于重油罐，每个油罐装一个。放水时，打开放水管上的阀门，罐底的水在罐内油品静水压力驱动下从放水管排出。放水管内经常有底水，所以需要

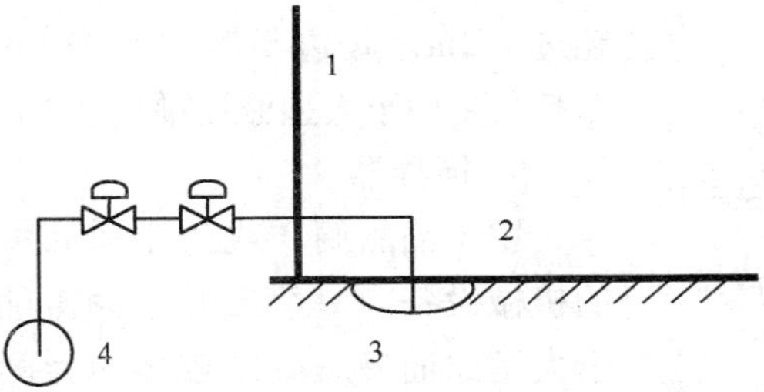

图 3－12　放水管示意图

1—管壁；2—罐底；3—集油坑；4—下水井

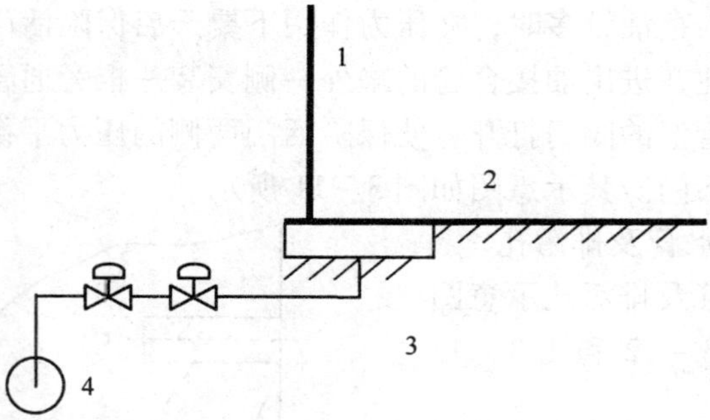

图 3－13　排污孔示意图

1—管壁；2—罐底；3—集油槽；4—下水井

做好保温，以防底水冻结在管子中。

排污孔设置在油罐底板下面，伸出罐外一端有排污孔法兰盖，法兰盖上附设放水管。平时可从放水管排出底水。清扫油罐时，打开排污孔法兰盖，从排污孔清扫出沉积于罐底的污泥。排污孔及附设的放水管主要用于轻油罐。

固定式放水管和排污孔在油罐上的安装位置应根据放水和排污的便利来确定，但与人孔的水平夹角应不小于90°。

8. 清扫孔

清扫孔是为了清除罐底积物而设置的。它是一个上边带圆角的矩形孔，孔的高、宽均不超过1.2m，底边与罐底平齐（见图 3－14）。清扫孔多用于大型原油罐和重油罐。

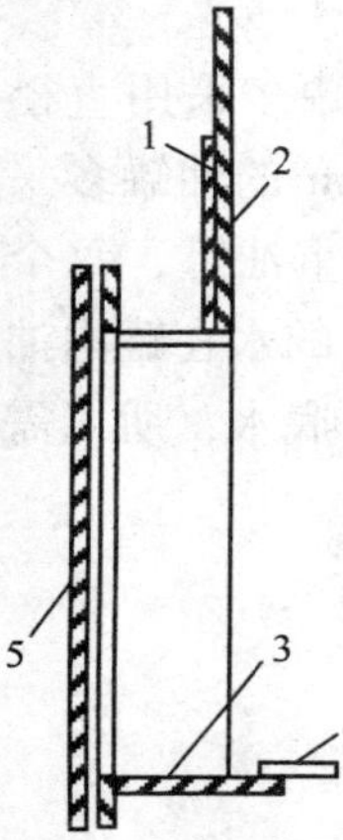

图 3－14　清扫孔示意图

1—加强板；2—罐壁；3—清扫孔；4—底板；5—清扫孔盖板

9. 搅拌器

用于油品调和或防止油品中沉积物积聚的机械设备，一般安装于润滑油罐，也安装于大型原油罐。应用较多的为侧向伸入式搅拌器。侧向伸入式搅拌器是近几年来开始应用于矿场和炼厂油罐的一种附属设备。

侧向伸入式搅拌器主要由防爆电机、减速传动装置、支吊架及螺旋架等组成。当电机带动螺旋桨旋转时，使罐内油品受到螺旋桨轴向推力和周向推力。前者使油品在水平面上沿螺旋桨轴向方向运动，由于受到罐壁的阻碍，进而产生沿罐壁的圆周运动；后者使油品上下翻滚。二者合成的结果使罐内油品混合均匀，同时使罐内重质沉积物呈悬浮状态，以免堆积于罐底。

10. 调合喷嘴

在采用泵－罐循环法调合油品时，为提高调和效率、缩短调合时间而设置的专用设备。

11. 胀油管和进气支管

油罐进行收发作业后，不放空的管路，会由于受到气温和阳光辐射的作用，管内的油品受热膨胀并在管路内形成很高的压力。为了防止由此而造成管路泄漏，保证管路和阀门的安全，在油罐附近的管路上设有胀油管，其示意图见图 3－15。胀油管安装在油罐进出油管线阀门的外侧，上端与罐顶气体空间接通。油品膨胀时可经胀油管进入油罐，以免管内压力升高。用同一管路连接的储存相同油品的各油罐，只需在一个罐上装胀油管，这时应注意将胀油管安装在位置最高的油罐上。

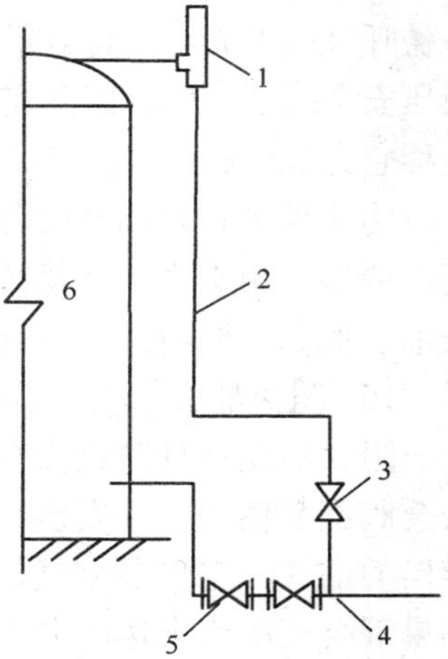

图 3－15　胀油管示意图

1—安全阀；2—胀油管；3—截止阀；4—输油管；5—阀门；6—油罐

进气支管是用于管路放空时进气的附件，安装在进出油管线阀门外侧。进气支管上设有球心阀，管路放空后及时关闭。不放空的管路不设进气支管。如果在要放空的管路上有其他进气口，也可以不设专门的进气支管。

12. 机械呼吸阀

机械呼吸阀是用来自动控制油罐内外气体通道的启闭，维持油罐的压力平衡，对有关的超压或超真空起保护作用，同时兼有降低油品蒸发损耗的作用。呼吸阀安装于罐顶。机械呼吸阀一般由压力阀和真空阀两部分组成，因而又称压力真空阀。当罐内压力达到油罐的设计允许压力时，压力阀阀盘被顶开，气体从罐内排出，当罐内气体压力达到油罐的设计允许真空度时，罐外空气顶开真空阀盘进入罐内，从而保证油罐在其允许压力范围内工作，而不致因为超过其强度极限而破坏。

机械呼吸阀的结构形式，按照其压力控制方法分为重力式和弹簧式，按照阀座的相互位置分为分列式和重叠式。弹簧式呼吸阀因节省钢材、重量轻，可以减少罐顶的负载而得到广泛使用。

13. 呼吸阀挡板

呼吸阀挡板是一种降低油品蒸发损耗的简易设备。

14. 液压安全阀

机械呼吸阀有时因锈蚀或冻结而失灵，为了保证油罐的安全，油罐上经常还装设液压安全阀。液压安全阀控制的压力和真空度一般都比呼吸阀高出 10%，在正常情况下它是不工作的，只是在机械呼吸阀失灵或因其他原因使罐内出现过高的压力或真空度时，液压安全阀才工作，因此实际上它起着安全阀的作用，所以有时也称它为液压安全阀。

为了保证在较高和较低的气温下液压安全阀都能正常工作，阀内应装入沸点高、不易挥发、凝固点低的液体作为液封，如轻柴油、低黏度润滑油、甘油水溶液或乙二醇等。

15. 阻火器

阻火器是一种防火安全装置，阻火器应与机械呼吸阀或液压安全阀配套使用，并安装在机械呼吸阀的下面。经呼吸阀从油罐排出的油气－空气混合气，遇到明火时就可能发生爆炸和燃烧。如果混合气的流出速度大于火焰前锋的燃烧速度，混合气只能在罐外燃烧。否则，就要产生“回火”，将火焰引入罐内。阻火器用来防止外界的火焰经机械呼吸阀引入罐内。

根据其功能，阻火器分为防爆型、耐烧型和防爆震型三种。

设于油罐顶部，与机械呼吸阀串联安装的阻火器通常为防爆型，用来阻止爆炸起火的火焰“回火”引燃罐内混合气。

油罐阻火器应清洁畅通。

16. 通气短管

通气短管装在罐顶中央，使油罐直接同大气相通，作为油罐收发作业时气体的呼吸通道。通气管截面上应装有铜丝网或其他金属丝网。

呼吸阀和通气短管中用到的金属丝网，可以用黄铜丝、磷青铜丝、镍丝、不锈钢丝制成，做方眼网或斜纹方眼网。

17. 起落管

起落管多装于润滑油罐，与进出油管相接，连接处用转动接头，使起落管能方便地绕转接头旋转。由于沉降作用，油罐上部的油品比较干净，加热时上部油品的温度也比较高。利用起落管可以发出油罐上部的油品。当进出油管线或其控制阀门破坏时，可把起落管提升至油面以上，防止油品外流。装设起落管的油罐不必再装保险活门。

起落管的提升角一般不超过 70°，角度太大时就不容易依靠自重下落了。为保证提升到 70°时起落管口露出油面，起落管的最小长度 L 应为

$$L = \frac{h_2 - h_1}{\sin 70^\circ}$$

式中 h_2——罐底至最高液位的高度，m；

h_1——罐底至进出油管中心线的高度，m。

18. 加热器

重油、润滑油、原油等往往因黏度过大而需要加热后才能输转，因此要在这类油品的油罐中设置蒸汽加热器。

19. 储罐测量仪表

一般包括液位计、温度计、压力表和高低液位报警器，以及用于计算机监控的数据采集器，以便随时对油罐储存情况进行监测。这些仪表的安装位置应与进出油接合管及罐外附件保持一定

距离，避免受到干扰。

20. 避雷针和接地装置

避雷针是一种防止直接雷击的保护装置，由受雷器、引下线和接地装置三部分组成。避雷针直接接地，针的高度高于线路，在雷电先导电路向地面延伸过程中，由于受到避雷针畸变电场的影响，会逐渐转向并击中避雷针，从而避免了雷电先导向被保护设备。由此可见，避雷针实质上是引雷针，它将雷电引向自己从而保护其他设备免遭雷击。

接地装置是指埋设在地下的接地电极与由该接地电极到设备之间的连接导线的总称。金属油罐可以用罐壁作为接地引线，但连接油罐与接地体的引下线必须焊接在油罐体的下边缘地方。每个油罐都应采用重复接地，即接地体不得小于两组。

21. 泡沫发生器

地上油罐常采用固定式或半固定式泡沫灭火系统，在轻质油罐最上层圈板上相应地安装有泡沫发生器。油罐万一发生火灾时，泡沫液在压力的作用下，冲开发生器的隔膜，沿着泡沫管经由喷射装置进到油面上，以隔绝空气窒息火焰。隔膜是防止油品蒸汽泄露用的。目前，大部分油罐采用空气泡沫消防设施和液下消防设施。

22. 油罐冷却水喷淋系统

该系统的作用是油罐本身或是相邻油罐着火时，喷水降温以防火灾蔓延。冷却水喷淋系统管道一般是围绕油罐顶圈板设计为两个半圆环状或4个1/4圆环状。

二、外浮顶油罐附件

为了方便浮顶油罐的生产管理和维修，外浮顶油罐上还设有六个不同于固定顶油罐的附件。

1. 浮顶立柱

浮顶立柱是环向分布安装于浮顶下部的支柱，其高度一般可在1.2～1.8m范围内调节。一是避免液面较低时浮船与罐内的加热盘管等附件相撞；二是为了检修时支撑浮顶(支撑高度调至1.8m)，以便检修工人可以由人孔进入罐底与浮顶之间的空间工作。

2. 自动通风阀

该阀设于浮顶上。当浮盘立柱落于罐底时，通风阀自动开启，使罐底与浮顶之间的空间与大气相通，以免继续发油时在此空间造成真空，或低液面进油时在浮顶与油面间形成空气夹层。

3. 转动扶梯

转动扶梯是为了操作人员从盘梯顶部平台下到浮顶上而设置的。转动扶梯的上端可以绕安装在平台附近的绞链旋转，下端可以通过滚轮沿导轨滑动，以适应浮顶高度变化。浮顶降到最低位置时，转动扶梯的仰角不得大于60°。

4. 中央排水管

中央排水管是为了及时排放汇集于浮顶上的雨水而设置。这是由于外浮顶油罐的浮顶直接暴露于大气中，落在浮顶上的雨雪不及时排除就有可能造成浮顶沉没。中央排水管由几段浸入于油品中的直径为100mm的钢管组成，钢管之间用活动接头连接，可以随浮顶的高度而伸直和折曲，所以又称排水折管。中央排水管的数目是根据油罐直径的大小而确定的，每个罐内可以设1~3根排水折管。

5. 紧急排水口

紧急排水口是排水折管的备用安全装置。如果排水折管失效，浮顶上的雨水聚积到一定高度时，则积水可由紧急排水口排入罐内，以防浮顶由于负载过重而沉没。

6. 隔舱人孔

隔舱人孔是为了操作人员进入隔舱检查有无泄漏而设置的，平时用人孔盖封死。

内浮顶油罐的油罐附件比外浮顶油罐少得多。由于有固定顶盖的遮挡，浮盘上不会聚积雨水，而且可以避免风沙、尘土对油品的污染，因而不必设置排水折管、紧急排水口，由于操作人员不宜进入固定顶与浮盘之间的空间操作，因而不必设置转动扶梯及扶梯导轨；由于有固定顶，因而中小型罐不必设置抗风圈和加强环，尽管内浮顶油罐增加了固定顶，但其钢材耗量并未增加，同外浮顶油罐比较还略有减少。

第六节　油罐的管理

灌装油品储存期间应做好油罐及其附件的管理，以确保油罐及其附件的状况良好，以保证油品的安全。

一、技术管理

1. 油罐罐体变形的检查观察

油罐顶、壁凹陷、鼓包、折皱等变形检查除目测外，应将重锤与线挂好，用钢直尺测量拉线和罐顶间的距离，即可得某一位置的变形尺寸。测完一个位置后，将滑轮沿油罐圈移动 0. 20 ~ 0. 30cm，再测量另一个位置。这样重锤线沿油罐周向移动而且上下升降，测量出顶、壁有代表性点的变形，将测量结果做好记录，为油罐维修提供依据，并存档备案。

2. 油品损耗

石油及其产品的损耗主要可以分为三类：漏损、混油损失和蒸发损耗。

（1）漏损

油品在生产、运输和储存过程中的漏损指的是，跑、冒、滴、漏。比如油罐和管道的损坏，或焊缝不严密；装油过程中油罐或油槽车发生溢油事故；盘管穿孔漏油；浮顶油罐排水管密封不严渗油等。这种损耗多数是由于生产管理不善、设备检修不及时、操作人员责任心不强或操作技术不当等原因造成的，一般属于事故性损耗。

因而，只要提高工作人员的责任心，加强设备管理和维护，漏损一般是可以消除的。

（2）混油损失

这种损失对成品油来讲，产生的原因主要是倒错流程，不同品种油品相混；管道顺序输送也要产生一部分混油。对原油，长输管道投产和管线封闭需用冷、热水扫线，造成原油与水相混而产生部分混油。

混油不仅造成不同油品的数量损失，而且主要是造成油品的质量损失。

（3）蒸发损耗

石油及其产品是多种碳氢化合物的混合物，其中的轻组分具有很强的挥发性。在石油的开采、炼制、储运及销售过程中，由于受到工艺技术及设备的限制，不可避免地会有一部分较轻的液态组分汽化，逸入大气，造成不可回收的损失，这种现象称为油品的蒸发损耗。

油品蒸发损耗属于自然损耗，一定数量范围内的损耗具有天然的合理性，得到各种油品蒸发损耗定额的认可。而且，这种损耗是以缓慢的形式持续发生的，损耗量的大小常常被产品计量误差所掩盖，因而不易引起人们的注意。但是，调查资料表明，油品蒸发损耗的累计数量是十分惊人的。处于南方的一个容积为 $10000m^3$ 的地面钢油罐，夏天储存汽油每天损耗约 0.5～1.0t，而一个大型的地面油库每年损耗油品可达数千吨。油品蒸发损耗对于当前世界范围内普遍存在的能源危机来说，愈加显得问题严重。

油品蒸发损耗是一种选择性很强的损耗形式，损耗的物质主要是油品中较轻的组分，因此油品蒸发损耗不仅造成数量损失，还将造成质量下降。以汽油为例，随着轻馏分的蒸发，汽油的初馏点和10%点升高，汽化性能变坏，即汽油的启动性能变差。此外，蒸发损耗还将加速汽油氧化、增加胶质、降低辛烷值。胶质能在发动机燃料系统中沉积而破坏其工作或降低工作效率；辛烷值降低将使汽油在发动机中燃烧时的抗震性能变坏。

（4）油品蒸发损耗的类型

油品蒸发损耗的类型，一般原则上是按照造成蒸发损耗的原因来划分的。但是在生产管理单位，又常按油品储运过程中的作业性质来划分，这是为了便于损耗量的统计和油品数量的核算。

1）按损耗原因分类，油品蒸发损耗包括以下几种：

① 大呼吸损耗。当油罐收油时，油品液面不断上升，罐内气体空间内的混合气受到压缩而使压力不断升高，当罐内混合气的压力升到呼吸阀的控制压力时，呼吸阀打开，混合气体将被排出到罐外，造成油品的损耗。

当油罐发油时，随着油品液面的下降，气体空间的容积逐渐增加，气体空间压力降低，当气体空间压力形成负压并降至呼吸阀的真空度时，呼吸阀打开，从罐外吸入空气。吸入的空气使罐内混合气的浓度降低，这就加速油品的蒸发，发油结束后，随着蒸发的进行，罐内气体空间压力又立即回升，不久又会出现呼出混合气的现象。

这种在油品收发作业中由于液面高度变化而造成的油品损耗称为大呼吸损耗或动液面损耗。其中，油罐收油过程中发生的损耗称为收油损耗，这也是大呼吸损耗的呼出过程；发油后由于吸入的空气达到饱和而引起的呼出称为回逆呼出。尽管后者发生于液面静止状态，但由于它是发油作业引起的，因而它也应属于大呼吸损耗的一部分。

如果向罐车和油桶这类敞口容器灌装易挥发石油产品时发生的油品损耗，也属于大呼吸损耗，习惯上根据所灌装的容器进行分类，可称为装车损耗、灌桶损耗等。对于浮顶油罐发油后由于粘附于罐壁的油品蒸发而造成的油品损耗则称为浮顶油罐的粘附损耗。

② 小呼吸损耗。油品静止储存在油罐中，即未进行收发油作业时，油面处于静止状态，油品蒸汽充满油罐气体空间。白天因吸收太阳辐射和随着大气温度的升高，罐内气体空间和油面温度上升，加剧了气体空间的膨胀和油品的蒸发，从而使罐内混合气体的压力增加。当罐内压力增加到一定值时，呼吸阀打开，空

气和油品蒸汽的混合气溢出罐外，造成损耗。

傍晚起，大气温度逐渐降低，太阳辐射强度也逐渐减弱，罐内温度不断下降，导致罐内气体空间和油面温度下降，将会发生与白天相反的过程。混合气体积收缩，油品蒸气分子凝结而落回液面的过程加剧，这都引起气体空间压力降低。当罐内压力达到一定真空度时，呼吸阀再次打开，吸入空气。此时虽然没有油气溢入大气，但由于吸入的空气降低了气体空间的油气浓度，加速油品蒸发。因此，到次日新蒸发出来的油气又溢入大气。这样在油罐静止储油时，昼夜由于罐内气体空间温度和油气浓度的变化而引起的有规则的呼出和吸入过程称为油罐的小呼吸损耗，又称油罐的静止储存损耗。

③ 自然通风损耗。主要是由于储油容器不严密造成的。如果罐顶不严密、有孔眼，而且孔眼又不在同一高度上，因气体密度不同将发生流动，这样会使容器内混合气体的密度大于空气密度，导致容器内的混合气体会由下部孔眼溢入大气，而空气则由上部孔眼进入油罐，造成了自然通风损耗。

如果两孔眼的高差为 0.5m，孔眼面积分别为 $1m^2$，气体空间的油气浓度为 5%，那么由于自然通风每昼夜的油品损耗量约为 16kg。在外界有风的情况下，由于容器周围压力分布不均匀、迎风面压力高、背风面压力低，自然通风损耗将更加严重。

自然通风损耗经常发生在容器破损、顶板腐蚀穿孔、呼吸阀未安装液压阀盘、量油孔、采光孔漏气等情况。因此，对于一般容器来说，只要加强管理、及时维修、提高设备完好率，自然通风损耗是完全可以避免的。

2）按作业性质分类。按这种方法划分的各类损耗除了包括油品的蒸发损耗和残漏损耗。所谓残漏损耗是指前面的漏损。这种划分方法将各类损耗的时间界限分明，便于同产品交接及月、季盘点库存的油品计量结果呼应，便于分项考核企业的生产管理水平和操作技术水平。

目前，按作业性质划分损耗类型是我国石化销售系统广泛使用的方法。

按作业性质划分的损耗类别包括：

① 储存损耗：储存损耗又称保管损耗，是指油罐静止储油时发生的损耗，相当于小呼吸损耗。储存期通常以月计。

② 输转损耗：输转损耗是指油品在油罐与油罐之间通过管道转移过程中发生的损耗。

③ 装车(船)损耗：装车(船)损耗是指将油品从油罐装入车(船)时发生的损耗。

④ 卸车(船)损耗：卸车(船)损耗指将油品从车(船)卸入油罐时发生的损耗。

⑤ 运输损耗：运输损耗是指利用油轮(驳)、铁路油罐车、汽车油罐车散装运送石油产品时，由于运输设备不严密而发生的途中损耗。

⑥ 灌桶损耗：灌桶损耗是指将油品灌入油桶过程中发生的损耗。损耗量等于油罐输出量与油桶灌装量之差。

如果只考虑上述作业中由于油品汽化而损耗的部分，所谓输转损耗、装车(船)损耗、卸车(船)损耗、灌桶损耗，即相当于各种作业情况下的大呼吸损耗。但是，实际作业中由于容器收发后的检尺计量与收发作业之间的时间间隔不会很长，因而上述损耗一般不包括大呼吸损耗中的回逆呼出。

(5) 降低油品蒸发损耗的措施

为了降低油品蒸发损耗，减少烃蒸气对环境的污染，人们在不断深化对蒸发损耗机理认识的基础上，开发了一系列诸如减少罐内温度变化，改进油罐结构来提高油罐承压能力，消除油面上气体空间，收集呼出的油蒸汽等技术措施。同时亦采取改进操作技术、加强设备维修、合理调度油品等改善生产管理的降耗措施。

1) 降低罐内油品温度：① 正确选择油罐的涂料。涂料不仅起防腐作用，还能够利用反射光线，降低油罐温度，以减少呼吸损耗。但要注意要选用能反射光线，特别是能反射热效应大的红光及红外线的涂料，将有助于降低罐内温度及其变化，从而减少油品损耗。不同颜色对阳光辐射热能接受程度差别很大，因此涂料对损耗量的影响不同，经实验表明白色涂料对降低油品损耗最有利，铝粉漆次之，灰色涂料再次之，黑色涂料最差。

油罐涂层应定期重刷，以保护罐体不被腐蚀，并保持良好的反射阳光性能。

② 淋水降温。地面金属油罐，80% 的阳光辐射热是通过罐顶导入罐内。在炎热夏季的白天，不断地对罐顶淋水，在罐顶形成均匀的流动水膜，沿罐壁流下。流水带走顶板和壁板吸收的太阳辐射热，能有效地降低气体空间温度，使罐内全日温度变化幅度和温差都大为缩小，从而降低小呼吸损耗。

淋水降温对降低油品小呼吸蒸发损耗的效果是非常明显的。实验证明，对一个储量 70% 的油罐，经过淋水罐内温度可降 23℃，减少蒸发损耗 20%。这种方法在炼油厂已应用很多年。

淋水降温是一项非常有效、简便易行的降耗措施，但淋水降耗要增设一定的设备，每天要消耗大量的水，大量的电力，而且淋水会使罐体油漆遭到破坏，加速罐体钢板腐蚀。如果排水不好，还会影响到油罐的基础。

进行淋水操作时要恰当掌握淋水的起止时间。为了赶在呼气之前，日出后就要开始淋水。淋水结束过早，罐内气体空间压力和温度仍有可能回升而再出现呼气。为防止造成气体空间温度猛烈升降，淋水应不间断地进行。

淋水降低大呼吸损耗无明显效果。

③ 对油罐采取绝热措施。对油罐采用绝热措施，其目的以减少油罐吸收阳光辐射热，减少罐内气体空间的温度变化。

a. 钢板型绝热层：在距罐顶高 80 ~ 90mm 处安装 20 ~ 30mm 厚的隔热层，可以有效的起到绝热的作用。

b. 反射隔热板：反射隔热板是由隔热材料制成的，可以做成多种型式。常用的反射隔热板是把石棉水泥板做成波浪形，内外均涂上白色油漆，称为石棉水泥隔热板。当反射隔热板被安装在罐顶或悬吊在罐壁外侧时，在两层石棉水泥板之间形成空气夹层，而里面的石棉水泥板与油罐之间又形成另一个空气夹层。由于这两个空气夹层的存在以及白色涂料对阳光辐射热的反射作用，都能起到很好的绝热作用。因为这种反射隔热板具有良好的隔热效果，从而降低了气体空间的温度及其变化幅度，能使油罐小呼吸损耗降低60%～70%。

隔热板用铝合金夹板、螺钉连接，然后装固在紧靠罐件的托架上。这种隔热板的组装不需要任何焊接，因而可以在不清罐的条件下施工，不妨碍油罐的正常作业。考虑到油的比热容比较大，阳光辐射热对油温变化的影响不敏感，通常只在罐顶和上半部罐壁外侧装设隔热板。

c. 提高油罐承压能力：提高油罐承压能力，一般从改进油罐结构设计入手，以便在提高油罐承压能力的同时，尽量减少钢材耗量。在普通立式锥顶油罐顶上，加设泡沫混凝土绝热层和钢筋混凝土防水层，使它起绝热降温的作用。同时又能平衡油罐所承受的部分内压。

目前广泛使用的拱顶油罐，如果加以适当改造，其承压能力则可大大提高，大容积罐可提高到10～20kPa，小容积罐可提高到30～40kPa。

球罐是承受内压能力最高的压力油罐。主要用于储存低沸点液化气及其他石油化工产品，多用于炼厂中，一般油库内很少使用。

同滴状油罐相比较，由于球形油罐所有壳板都具有相同的曲率，因此安装、制作比较方便。高压的厚壁球形罐，由于具有较大的刚性，一般采用下部环状支座。低压薄壁球状罐的支柱多安装在赤道圈板上，赤道圈板较厚，并用内肋或刚性环加固。

d. 砌筑防护墙：在罐体周围砌筑防护墙，减小阳光辐射热强度，也可以降低损耗40%。

另外，在罐区周围栽种树木以改变罐区的小气候也能收到类似隔热层的作用。非金属油罐或覆土油罐本身就具有良好的隔热性能，同地面金属油罐比较，一般能减少小呼吸损耗90%以上。

2）消除油罐的气体空间。消除油面上的气体空间实际上就消除了蒸发现象赖以存在的自由表面，这样不仅可以消除油罐的小呼吸损耗，还能基本上消除大呼吸损耗。

① 使用浮顶油罐。因为这种罐的罐顶浮在油面上，随油面升降，所以浮顶与液面之间基本上不存在气体空间。浮顶油罐可以极大地减少蒸发自由表面和气体空间体积，基本上消除了大、小呼吸损耗。经实验证明，这种油罐的油品蒸发损耗仅为普通固定顶油罐损耗的3% ~5%，它具有非常好的降低蒸发损耗的效果，因而在国内外得到广泛的应用。

浮顶油罐能够降低，甚至基本消除大呼吸损耗的特点是其他降耗措施无法比拟的，虽然其造价较高，但由于能大量地减少蒸发损耗，投资能很快回收，因而特别适用于收发油作业十分频繁的油库。

② 采用微球覆盖层。这种微球具有形成泡沫的物理性质，可以浮在油面上隔绝空气。它是用耐油塑胶、酚醛等高分子化合物制成。由于塑料微球有流动性，将其洒在油面上，当油面发生变化时，微球可以流到罐内的任何部位，并保持足够的厚度，使液面保持密封，则可基本上消除油品蒸发损耗。但是，在某种程度上微球覆盖层不如浮顶可靠，在油品输转流量很大情况下，覆盖层的完整性受到破坏而失去降耗作用。

此外，也曾试图利用化学泡沫、表面活性剂等物质作为覆盖层，但多数因为稳定性差、使用寿命短而未能得到推广。

3）修建集气罐。对于油罐数量，容量大的油库，可增建集气罐，用于收集所连通有关的气体，不使气体排出罐外造成损失。

集气罐的形式很多，一般可采用螺旋升降的湿式集气罐或活塞式集气罐。

螺旋升降湿式集气罐由水槽、钟罩、塔节等部分组成。在钟罩和塔节侧壁外侧装有倾斜的导轨，在水槽和各塔节平台上装有导轮，当罐内压力对罐顶产生的上举力超过钟罩的自重时，钟罩在导轨的引导下缓慢螺旋式上升，达到极限位置时再带动各塔节逐级上升。相反则下降。钟罩与各塔节之间采用湿式密封装置。

活塞式集气罐的内部有一空心的中心柱，活塞可以沿中心柱上下移动。活塞的重量被中心柱内的平衡重块所平衡，在活塞上下压差大于0.06kPa（约6mmH_2O）时就可使活塞升降。活塞和平衡重块是用绕过滑轮的镀锌钢索连接。在活塞与罐壁之间，以及活塞与中心柱之间的环形空隙，用双面涂有耐油橡胶的纤维织物连接，构成密封围幕。集气罐的进、出气管设于罐顶，油罐呼气时活塞下降，油罐吸气时活塞上升。活塞的位置可由设于罐外的指示计显示。

4）油气回收。随着环境保护要求的日益提高，利用油气回收法降低油品蒸发损耗的措施得到了国内外的重视，有些研究成果已开始在油库中应用。

油气回收方法大致有如下几类：

① 吸附法。吸附法是利用油品和空气混合物中各组分与吸附剂间结合力的不同使油气与空气分离的过程。这主要利用了混合物中各组分与吸附剂间结合力强弱差别的原理。合适的吸附剂对各组分的吸附有很高的选择性。油气中的烃分子与吸附剂接触并渗于吸附剂的孔隙中。一旦烃分子渗入吸附剂的孔隙之中就被吸附于其表面，而空气不能被吸附从而实现油气与空气的分离。通过解吸及吸收达到回收油气的目的。

吸附剂应具有比表面积大、选择性强、吸附量大、压降小、比热大、传热系数大、电导率高、使用寿命长等特点。活性炭是最常用的实现油气分离的吸附剂。

② 吸收法。吸收法包括两种典型的方法——常压常温吸收法与常压低温吸收法。

常压常温吸收法是在常压常温下，利用馏出轻组分的汽油（或废油）、轻柴油、特制有机溶剂等易吸收油气的吸收液，在吸收塔内与混合气喷淋接触以溶解吸收其中的油气。该方法有两种回收类型，一种是富吸收液可以再生，装置设计为一个独立完整的系统，适用范围广，但吸收液性能要求严格，另一种是富吸收液要送回炼油装置再加工处理。

常压低温吸收法是使用冷冻机将吸收液冷却到低温，然后送到吸收塔对混合气进行喷淋吸收。吸收液一般用产品汽油来直接回收油气。为了达到较高回收率，吸收液(汽油)的冷却温度要控制在约 -30℃以下，此时，系统需要制冷系统、低温钢材及保温处理，投资及运行费用较高。该方法还应注意结冰(即要预冷脱水及适时除霜)。如果使用其他高效吸收剂，可适当提高操作温度，但要增加解吸、回收工艺，加上制冷环节，投资非常大。

吸收法对于处理高浓度、大流量的油气有明显的优势，回收效果的好坏主要取决于吸收剂。这种方法回收率可达95%以上。

③ 冷凝法。冷凝法利用制冷剂通过热交换器来降低储油容器排出混合气的温度，使油气凝结，以回收油气。经过一、二级冷却可以使大部分挥发性有机化合物冷凝成为液体回收。

这种方法可直接回收到油品，原理简单，但由于是间接传热，制冷剂温度很低(-70℃以下)才可保证有较高的回收率(90%)，因而不宜采用间接换热的方式降低混合气温度。如果要求排放的油气浓度更低，则需要对油气进行三级冷却，三级冷却是采用液氮深度冷凝，温度控制在 -184℃左右，此时的投资成本剧增。

因此冷凝法虽然简单，对于处理高浓度、中流量的油气有明显的优势，但能耗大、投资成本和运行费用都高，回收率难以达到很高。

④ 压缩法。用压缩机将储油容器排出的含油混合气送至球罐，以一定的压力储存，使其经冷凝、压缩后生成凝结液，然后反输到储油容器中。这种方法多用于含 $C_1 \sim C_4$ 较多的原油罐排出气。

⑤ 循环回路法。在收发油容器之间连接气体回收管线，使收油容器排出的气体返回发油容器，既防止了收油容器中的含油

混合气排入大气，又避免了发油容器吸入空气以及此后发生的回逆呼出。目前有些加油站使用的套筒式双管加油枪就是基于这种想法设计制造的。这种加油枪由内外两管组成，汽油经内管流入汽车油箱，混合气经内外管之间的环形通道返回油罐。

⑥ 膜分离法。由于油气与空气混合初期烃分子与空气分子的大小不同，在某些薄膜中的渗透速率差异极大，膜分离法就是利用薄膜这一物理特性来实现烃蒸气与空气的分离。油气先经过压缩机压缩到一定压力之后，进入喷淋吸收塔，用冷却汽油进行喷淋吸收，吸收了油气的汽油送入储罐。未被吸收的油气通过渗透膜进一步分为两部分，一部分为较高浓度的油气，返回压缩机打循环；另一部分为洁净的空气，排放大气。膜分离法是传统的压缩、冷凝法与选择性渗透膜技术的结合。

⑦ 热氧化法。将油气直接燃烧，这种方法不能回收油品，且安全性不好，但能利用燃烧产生的部分热量，经济效益很差。

5）安装呼吸阀挡板。在呼吸阀接合管下方安装呼吸阀挡板是一种投资少、易安装、不影响生产正常运行的简易降耗措施，呼吸阀挡板制造简单，适用于储存原油、汽油和煤油等一切装有呼吸阀的固定顶油罐。装设呼吸阀挡板的目的就是改变吸入空气在气体空间的运动方向，避免对油面上大浓度层的直接冲击，使吸入的空气在油罐气体空间顶部沿径向分散，然后平稳地向下推移。这样不仅可以减少发油后的回逆呼出，而且可以降低下次呼气的油气浓度。根据测定，在相同的条件下，装设呼吸阀挡板的油罐比不装设呼吸阀挡板的油罐可使油品蒸发损耗降低20%～30%。呼吸阀挡板已得到广泛使用。

6）安装还原吸收器。还原吸收器是一立式圆筒，内装隔板，隔板间装有活性炭或者充满煤油、润滑油。当油罐呼气时，油蒸气中的部分轻质油被吸收，当油罐吸气时，大气通过还原器携带部分石油分子进入油罐，以减少罐内液体的再蒸发。经实验表明，还原吸收器可以减少油气蒸发损失的40%。

7）加强管理，改进操作：

① 油罐及其附属设备如管线、阀门等应连接应牢固、严密，使之处于技术良好的状态，不发生泄漏等问题。

② 改进灌装方法，装油软管要伸到罐车或油船底部，以免由于油品飞溅而加大油品耗量，尽量采用下部灌装。

③ 选择合适的时间进行收发油作业。为降低油罐大、小呼吸损耗，尽量在每日上午温升阶段发油，每日降温时段进油；尽量缩短发油到进油的时间间隔，最好发油后不久立即进油。

④ 掌握收发油速度。油罐发油宜慢，以减少回逆呼出；收油宜快，以减少附加蒸发，能一次进满油罐的不要分几次进油。

⑤ 严格执行各种技术操作规程，遵守工作纪律，防止人为事故的发生。

3. 监测油罐内压

油罐工作压力是油罐的重要技术参数，压力是否正常保证油罐安全运行的关键。多年来，油罐工作压力一直采用 U 形压力计检测，为解决 U 形压力计存在的问题，现有一种新型油罐内压智能检测装置，可对油罐压力和呼吸阀的工作参数实施网上实时传输、监测、报警、自动记录、查阅、统计分析、打印等多种功能。其性能可靠，操作围护方便，价格适宜，便于操作人员随时掌握和管理者监督，促进了油库安全管理，解决了油库油罐压力监测急需。

油罐内压智能监测装置主要由防爆型压力变送器、智能检测仪表、控制系统、传输线四部分组成。其中防爆型压力变送器由压力传感变送器、信号放大器 V/I 变送器、补偿线路和显示器组成，压敏电阻在测量膜片的背面连成惠斯登电桥，压力作用在膜片上，使这个电桥输出一个与压力成正比的电压信号，信号经放大、V/I 变换，转换成标准的电流输出，同时由显示器显示物理量，并将信号传输到智能控制仪，再由智能控制仪传到控制系统或计算机局域网。

油罐内压智能检测装置可用于油罐、呼吸管路。主要用于油罐或呼吸管路内工作压力的实时检测、监控，确保油罐内压在规定范围内，一旦超压可在现场或控制室实施报警，达到保护油罐安全运行的目的。

二、日常管理

油罐的日常管理包括：油罐维护工作；收发油作业；油品调和；油罐的检尺测温计量等。最重要必须认真遵守各种操作规程，严格执行各种制度。

① 要进行油罐作业的正确操作，必须要了解油罐的结构、特点、性能和设计要求。

② 要经常检查与维护油罐上的各种附件，如机械呼吸阀、防火器、保险活门等。应每日巡回检查，定期要进行拆洗、校正。使用油罐各种设备时要轻拿轻放，保证其完好无损。

③ 做好油罐的防腐工作，油罐表面应定期防腐刷漆，防止油罐腐蚀。

④ 做好油罐的保温工作，使其保温设施完好无损。油罐内油品加温时，其加热温度最高不要超过 90℃，还必须比油品闪点低 20℃。

⑤ 要定期清洗油罐，清除罐底积水和残渣。一旦油罐内有污水时，要通过放水阀或排水孔放出，特别在严寒地区，入冬前必须全面检查排放一次，地面、半地下油罐的排污阀还要做好防冻措施。轻质油罐清洗周期应为 3 年，重柴油罐清洗周期应为 2.5 年，润滑油罐冲洗周期应为 2 年。

⑥ 油罐收发油作业前要进行脱水检查，过程中掌握好油品的流速，装油不应超过安全高度，发油不应将油罐抽空。遇雷雨天气时应停止收发油作业。

⑦ 相同油品应尽量装在同一座油罐中。对于像汽油等易挥发油品，可在呼吸阀下加防气流挡板，炎热地区可设喷淋降温装置或设防辐射遮阳板、隔热层、涂隔热漆等。

第四章 油品加热及保温

高黏和高凝固点原油、燃料油、重柴油、农用柴油、润滑油等很多油品，在低温时具有很大的黏度，而且某些含蜡油品在低温时由于蜡结晶的析出，会发生凝固。为了降低这些油品的黏度，提高其流动性，必须对其进行加热和保温。

第一节 油品的加热方法

加热油品常用的热源有水蒸气、热水、热空气和电能等。油库加热作业常采用表压3~8个大气压的水蒸气；热水和热空气用量相对水蒸气较大，制备和输送都相应要求比较庞大的设备，只在有方便的工业废热水和废热空气可供利用或某些特殊情况下才考虑采用；利用电能作为热源具有设备简单、操作方便、有利于环境保护等突出优点，近年来在国内外已逐步得到推广使用。

油库中对油品的加热主要有对储存油品容器中的油品加热和对输油管道加热。

一、对储油设备中的油品加热

在油库中对油罐、油罐车和其他容器中的油品进行加热所采用的加热方法有：蒸汽间接加热法、蒸汽直接加热法、热水垫层加热法、热油循环加热法和电加热法等。

① 目前得到广泛应用的是蒸汽间接加热，蒸汽间接加热法是将水蒸气通过油罐中的管式加热器或罐车的加热套，使加热器或加热套升温来加热油品。这种加热方法优点是蒸汽与油品不直接接触，可适用于所有油品的加热。

② 蒸汽直接加热法是将饱和水蒸气直接通入被加热的油品

中。这种方法由于冷凝水留存于油品中而影响油品质量，一般不允许采用。只有燃料油和农用柴油等对含水量要求不严格的油品，在缺乏其他加热方法时才偶尔采用。

③ 热水垫层加热法是依靠油品下面的热水垫层向油品传热。热水垫层的热量可以靠通入蒸汽来补充。这种方法使用较少，常在有方便的热水来源时才采用。当地下水封油库采用固定水位法储油时，常利用水垫层加热法来供给油品一部分热量。

④ 热油循环法是从储油容器中不断抽出一部分油品，在容器外加热到低于闪点温度 15～20℃，再用泵打回容器中去与冷油混合。使用这种方法罐内不再需要装设加热器，避免了加热器的锈蚀和随之而来的检修工作，完全杜绝了因加热器漏水而影响油品质量的问题。近年来受到国内外普遍的重视，并逐步在生产实践中推广使用。

⑤ 电加热法有电阻加热、感应加热和红外线加热三种方法，其中尤以红外线加热法设备简单、热效率高、使用方便，适用于小容器和油罐车的加热。

二、对输油管道加热

油库中对输油管道的加热方法主要有蒸汽管伴随加热和电加热。一般情况下库内管道都不长，不需要进行伴随加热，对于间歇作业的不放空的黏油和凝固点低于最低周围介质温度的油品管路才采用伴随加热。

蒸汽管伴随加热法可分为内伴随和外伴随两种方法。

内伴随是把蒸汽管安装在油管内部。这种方法蒸汽管的温度较高，应力补偿不易处理；蒸汽管发生漏损时不易发现和维修；蒸汽管安装在油管内部增大了油流的水力摩擦阻力，因此内伴随很少采用。

外伴随是用保温材料把一根或数根蒸汽管和油管包扎在一起，或把蒸汽管和油管敷设在同一管沟中。外伴随加热施工与维修都比较方便，使用比较广泛。

管路的电加热有直接加热、间接加热和感应加热三种方法。直接加热法是对管路直接通电，使管路自体发热而加热管内油品，管路应包以良好的电绝缘材料，以减少电流损失和保证安全；间接加热法是把有良好电绝缘的电热导线和油管用保温材料包扎在一起，将热量由导热线传给油管以加热管内油品；感应加热是把线圈和油管用保温材料包扎在一起，线圈通交流电后产生交变磁场，交变磁场诱发产生感应电流使管内油品被加热。

另外，为减少热量损失应根据具体情况设置保温层。

第二节　油品加热的起始和终了温度

油品的加热起始温度 t_{ys} 就是加热开始时的油温，也称推定温度。油品的冷却过程一般分为两个阶段。第一阶段冷却到油品的凝固点温度，第二阶段是到达凝固点温度后油品开始凝结，外层形成凝结的壳体。

油库中储存的油品，一般都不让它冷却到凝固状态。油品在高于凝固点时就已有部分蜡结晶析出，一般不考虑蜡结晶对油温的影响。

不论采用什么方法对油品加热，进行热力计算时，首先要确定油品加热的起始温度和终了温度。下面介绍推定温度 t_{ys} 的计算方法。

在 $d\tau$ 时间内，容器中的油品降低了 dt℃，放出的热量为 dQ，则有

$$dQ = -Gcdt \qquad (4-1)$$

式中　G——容器中油品的总质量，kg；

c——油品的比热容，J/kg·℃。

经容器壁散失到周围介质中的热量为

$$dQ = KF(t_y - t_j)d\tau \qquad (4-2)$$

式中　K——从油品和周围介质间的总传热系数，W/m²·℃；

F——容器的总冷却面积，m^2；

t_y——油品的温度，℃；

t_j——容器周围介质的温度，℃；

τ——时间，s。

油品放出的热量等于经容器壁散失到周围介质中的热量，由式(4－1)和式(4－2)可得

$$-Gc\mathrm{d}t = KF(t_y - t_j)\mathrm{d}\tau$$

则有

$$-\frac{\mathrm{d}t}{t_y - t_j} = \frac{KF}{Gc}\mathrm{d}\tau$$

将上式积分后可得

$$\ln\frac{t_{y1} - t_j}{t_{y2} - t_j} = \frac{KF\tau}{Gc} \qquad (4-3)$$

式中 t_{y1}——油品开始冷却时的温度，℃；

t_{y2}——经时间 τ 之后的冷却终了温度，℃。

由式(4－3)可得经过时间 τ 之后油品的冷却终了温度 t_{y2}

$$t_{y2} = t_j + (t_{y1} - t_j)e^{-\frac{KF\tau}{Gc}} \qquad (4-4)$$

式中 t_{y2}就是下次油品升温时的加热起始温度 t_{ys}。上式适用于油品冷却终了温度大于油品凝固点的情况。式中周围介质温度 t_j对于地上卧式油罐取最冷月大气平均温度，对于埋土罐取最冷月土壤平均温度，对于地下罐 t_j等于油罐埋入深度的土壤平均温度，对于立式地上油罐按下式计算

$$t_j = \frac{t_{tu} + (4\phi + 1)t_{pi}}{2 + 4\phi} \qquad (4-5)$$

式中 t_{tu}——最冷月地表平均温度，℃；

t_{pi}——最冷月油罐周围大气的平均温度，℃；

ϕ——油罐的高度和直径的比值。

油品的加热终了温度 t_{y2}是根据加热作业的目的确定的。如果加热是为了输转油品，加热终温应高于凝固点 5～10℃。黏度较高的油品，加热终温还应控制在使油品在管道中处于层流运动

的状态下。根据加热目的不同，油品的加热终了温度也不同，具体油品加热终了温度参见文献[1]。

第三节　加热设备及计算

一、油罐管式加热器

油罐中加热油品最常用的方法是蒸汽间接加热，蒸汽间接加热最常用的加热设备是管式加热器。

1. 油罐管式加热器的结构

油罐中常用的管式加热器按布置形式可分为全面加热器和局部加热器；按结构形式可分为分段式加热器和蛇管式加热器。

全面加热器均匀布置在罐内距罐底不高的整个水平位置上，适用于在短时期内要从油罐中发出大量油品。局部加热器仅布置在罐内的收发油管附近，适用于黏度不高（在50℃时的黏度小于$7\times10^{-5}m^2/s$），且不会冷至凝固点温度以下的油品，或一次需要发出数量不多的油品。

（1）分段式管式加热器

分段式管式加热器是用15～50mm直径的无缝钢管焊接而成。分段式加热器由若干个分段构件组成，每一分段构件由2～4根平行的管子与两根汇管连接而成。分段构件的横向汇管长度应小于500mm。几个分段构件以并联－串联的形式联成一管组，每个管组都有独立的蒸汽进口和冷凝水出口，管组的总数取偶数，对称布置在收发油管的两侧。当某一管组发生故障时可单独关闭该管组的阀门，其他完好的各管组可以继续进行加热作业。

罐内加热管及各分段管组的安装应有一定坡度，以便于排出冷凝水。大油罐内分段管组安装坡度i取为1/150～1/75，小油罐内i取为1/75～1/50。蒸汽管进口距罐底的高度h为

$$h = iL_0 + h_0 \qquad (4-6)$$

式中　i——分段管组的坡度；

L_0——分段管组的长度，m；

h_0——冷凝水管的出口距罐底的高度，$h_0 = 0.1 \sim 0.2\text{m}$。

对于进行间歇加热作业并需经常调节加热面积的油罐和对于不要求严格控制含水量的油品，适宜于采用分段式加热器加热。

（2）蛇管式加热器

蛇管式加热器是一种用很长的管子弯曲成的管式加热器。常用15～50mm直径的无缝钢管焊接而成。利用导向卡箍将蛇管安装在金属支架上，可使管子在温度变化时能自由伸缩。为使蛇管沿着蒸汽流动的方向保持一定的坡度，支架应具有不同高度。蛇管在罐内分布均匀，可提高油品的加热效果。蛇管加热器每节蛇管的长度比分段式加热器每个分段要长得多，因此蛇管加热器要求采用较高的蒸气压力。同时蛇管加热器安装和维修均不如分段式加热器方便。

对于润滑油等要求严格控制含水量的油品及对于经常操作并需要长时间连续加热的油罐，最好采用蛇管式加热器进行加热。

（3）其他加热器

竖井式加热器有一个带保温层的外罩（竖井）。发油时，油品由外罩下面的开孔处进入，经加热器加热到所需要的温度，从竖井顶部由收发油管抽出。

换热器式加热器是热效率较高的一种局部加热器，它有四个管头，附有保险活门的进出油口、热油放出管头、蒸汽进口管头和冷凝水出口管头。

箱形分段式加热器也是一种热效率较高的局部加热器，它由三排平行的分段加热器组成，它们布置在薄钢板壳内不同的高度上，每一排有二个并列的分段，油品从薄壳开口处进入加热器，加热后从进出油管发出。

管式加热器安装完毕后需经两次试压，第一次用1MPa的压力进行水压试验；第二次用蒸汽试压，试验压力即蒸汽的工作压力。对于安装在润滑油罐内的加热器，试压更要特别仔细，以防加热器渗漏而使水分混入润滑油中。

2. 管式全面加热器的加热面积计算

油罐管式全面加热器的加热面积 F 按下式计算

$$F = \frac{Q}{K_0\left(\frac{t_1 + t_2}{2} - t_y\right)} \qquad (4-7)$$

式中 Q——单位时间内加热油品所需的总热量，W；

K_0——热源通过加热器对油品的总传热系数，W/m^2 · ℃；

t_1——热源进入加热器时的温度,℃；

t_2——热源在加热器出口处的温度,℃；

t_y——罐内油品在加热过程中的平均温度,℃。

不考虑冷凝水在加热器中过冷时，冷凝水和蒸汽温度都等于工作压力下的饱和温度，$t_1 = t_2$，此时式(4-7)可简化为

$$F = \frac{Q}{K_0(t_1 - t_y)} \qquad (4-8)$$

如果使冷凝水的温度低于饱和温度，需要增加加热器加热面积，此时加热器面积应按下式计算

$$F = \frac{Q\varphi}{K_0(t_1 - t_y)} \qquad (4-9)$$

式中 φ——过冷系数，其数值参见文献[1]

饱和水的热焓低，当其冷却时放出的热量很少，所以不考虑冷凝水过冷的问题。

按式(4-7)、式(4-8)和式(4-9)求得加热器面积后，应将计算所得的加热面积再增大10% ~20%的富裕量。

可以看出，求得加热器的加热面积 F 关键要求出 t_y、K_0、Q 值，下面介绍这几个值的求法。

(1)油品平均温度 t_y

当$\frac{t_{yz} - t_j}{t_{ys} - t_j} \leq 2$ 时，t_y用算术平均法求得

$$t_y = \frac{t_{yz} + t_{ys}}{2} \qquad (4-10)$$

当$\frac{t_{yz}-t_j}{t_{ys}-t_j}>2$时，$t_y$用对数平均法求得

$$t_y = t_j + \frac{t_{yz}+t_{ys}}{\ln\frac{t_{yz}-t_j}{t_{ys}-t_j}} \qquad (4-11)$$

式中 t_{ys}——油品加热起始温度,℃;

t_{yz}——油品加热终了温度,℃;

t_j——油罐周围介质温度,℃。

(2) 总传热系数 K_0

K_0值可以用圆筒壁传热公式计算

$$K_0 d = \frac{1}{\frac{1}{a_1 d_1}+\sum_{i=1}^{n}\frac{1}{2\lambda_i}\ln\frac{d_{i+1}}{d_i}+\frac{1}{a_2 d_{n+1}}} \qquad (4-12)$$

式中 d——加热器管子的外径，m;

a_1——蒸汽向加热器内壁的内部放热系数，W/m² · ℃;

d_i——管子的内外径及计入水垢和油污等在管子内外壁上的沉积物后各层的直径，m;

λ_i——水垢、管子、油品沉积物等的导热系数，W/m · ℃;

a_2——从加热器管子最外层至油品的外部放热系数，W/m² · ℃;

a_1值一般情况下比较大，因此式(4-12)中的$1/a_1d_1$项的值就很小，式(4-12)可简化为

$$K_0 = \frac{1}{\frac{1}{a_2}+R} \qquad (4-13)$$

式(4-13)中R是附加热阻，单位是m² · ℃/W，R的数值参见文献[1]。

粗略计算时，K_0值采用下式计算

$$K_0 = 0.6a_2 \qquad (4-14)$$

K_0主要取决于外部放热系数a_2，按无限空间自然对流放热

公式计算，比内部放热系 a_1 要小得多。

$$a_2 = \varepsilon \frac{\lambda_y}{d}(Gr \cdot Pr)^n \qquad (4-15)$$

式中 ε、n——系数，决定于 $Gr \cdot Pr$ 值的大小，可从表4-1中查得，其中 Gr 称为格拉肖夫准则数，Pr 称为普朗特准则数；

d——加热器管子外径，m；

λ_y——油品在定性温度下的导热系数，单位是W/m·℃，其数值可按式(4-16)计算

$$\lambda_y = \frac{117.5}{\rho_y^{15}}(1-0.00054t) \qquad (4-16)$$

式中 ρ_y^{15}——15℃时的油品密度，kg/m³；

t——油品的定性温度，℃。

表4-1 系数 ε 和 n 值

$Gr \cdot Pr$	ε	n
10^{-3} ~500	1.18	1/8
500 ~ 2×10^7	0.54	1/4
$>2\times10^7$	0.135	1/3

(3) 加热油品所需的总热量 Q

单位时间内加热油品所需的总热量为

$$Q = \frac{1}{\tau}(Q_1 + Q_2) + Q_3 \qquad (4-17)$$

式中 Q_1——用于油品升温的热量，单位是J，其数值可按式(4-18)计算

$$Q_1 = Gc(t_{yz} - t_{ys}) \qquad (4-18)$$

Q_2——融化已凝固的那部分油品所需的热量，其数值可按式(4-19)计算

$$Q_2 = \frac{Nw}{100}G \qquad (4-19)$$

Q_3——在加热过程中单位时间内散失于周围介质中的热

量(W)，其数值可按式(4－20)计算

$$Q_3 = \sum F_i K(t_y - t_i) \quad (4-20)$$

式中 τ——加热总时间(参见文献[1]表4－10)，s；

G——被加热油品的总质量，kg；

c——油品的比热容，J/kg·℃；

t_{yz}——油品加热终了温度,℃；

t_{ys}——油品加热起始温度,℃；

N——凝结的石蜡在油品中的含量,%；

w——石蜡的融解潜热，kJ/kg；

K——传热系数，W/m^2·℃；

ΣF_i——油罐的总表面积，为罐顶、罐壁和罐底的表面积之和，m^2；

t_y——加热过程中的油品平均温度,℃；

t_j——油罐周围介质温度,℃。

把式(4－18)、式(4－19)、式(4－20)代入式(4－17)，可得单位时间内加热油品所需的总热量为

$$Q = \frac{1}{\tau}\left[Gc(t_{yz} - t_{ys}) + \frac{Nw}{100}G\right] + \Sigma F_i K(t_y - t_j) \quad (4-21)$$

如果油品未冷却到凝固点，则有 $Q_2 = 0$，上式变为

$$Q = \frac{1}{\tau}Gc(t_{yz} - t_{ys}) + \Sigma F_i K(t_y - t_j) \quad (4-22)$$

如果油品加热只是为了保温，即维持油温不变，则所需的热量为

$$Q = \Sigma F_i K(t_y - t_j) \quad (4-23)$$

从上述公式可知，为了求出单位时间内加热油品所需的总热量 Q，需要先求出油罐的总传热系数 K 值。下面介绍不同形式油罐总传热系数的求解方法。

(1) 地上不保温立式油罐

地上不保温立式油罐的总传热系数可由式(4－24)求出

$$K = \frac{K_{bi}F_{bi} + K_{ding}F_{ding} + K_{di}F_{di}}{F_{bi} + F_{ding} + F_{di}} \quad (4-24)$$

式中 K 为传热系数，F 表示面积，下角标 bi、ding、di 分别代表罐壁、罐顶和罐底。按油罐装满系数为 0.95 计算，F_{bi} 应取为罐壁总面积的 95%，F_{ding} 应取罐顶面积和 5% 罐壁面积之和。各项传热系数详细计算参见文献[1]。

（2）地上保温立式油罐

地上保温立式油罐的总传热系数求法与上述不保温油罐求法基本相同，只是在计算罐壁传热系数时，考虑到保温层热阻比其他热阻大得多，可近似地由式(4-25)求得

$$K_{bi} = \frac{\lambda_{bao}}{\delta_{bao}} \tag{4-25}$$

式中 λ_{bao}——保温材料的导热系数，W/m·℃；

δ_{bao}——保温层的厚度，m。

（3）地下卧式油罐

地下卧式油罐的总传热系数，可认为等于罐壁的传热系数，可用式(4-26)计算

$$K = \frac{1}{\dfrac{1}{a_{1bi}} + \sum \dfrac{\delta_i}{\lambda_i} + \dfrac{1}{a_{2tu}}} \tag{4-26}$$

式中 a_{1bi}——油品至油罐内壁的内部放热系数，W/m²·℃；

δ_i——罐壁的厚度，m；

λ_i——罐壁的导热系数，W/m·℃。

a_{2tu} 指罐表通过土壤至大气的外部放热系数，单位为W/m²·℃，它可采用地下埋管经土壤向大气放热的公式计算

$$a_{2tu} = \frac{1}{D\ln\left[2\left(\dfrac{H + \lambda_{tu}/a_{tu}}{D}\right) + \sqrt{4\left(\dfrac{H + \lambda_{tu}/a_{tu}}{D}\right)^2 - 1}\right]} \tag{4-27}$$

式中 H——卧罐中心线至地面的深度，m；

D——卧罐直径，m；

λ_{tu}——土壤导热系数，W/m·℃；

a_{tu}——土壤至大气放热系数，W/m² · ℃。

(4) 地上卧式油罐

地上卧式油罐的总传热系数可近似地认为等于它的罐壁传热系数 K_{bi} 的值，可按式(4-28)计算

$$K_{bi} = \frac{1}{\frac{1}{a_{1bi}} + \frac{\delta_{bi}}{\lambda_{bi}} + \frac{1}{a_{2bi} + a_{3bi}}} \tag{4-28}$$

式中 a_{2bi}——罐壁至周围介质的外部放热系数，W/m² · ℃；

a_{3bi}——罐壁至周围介质的辐射放热系数，W/m² · ℃。

地上卧式罐总传热系数 $K \approx 7 \sim 9.3$W/m² · ℃。

(5) 覆土非金属油罐

这类油罐常是半部埋入土，未埋入部分用土覆盖。全部埋入土的油罐比较少见。这类油罐的总传热系数可用式(4-24)求得，其中罐壁传热系数 K_{bi}、罐顶传热系数 K_{ding}、罐底传热系数求法可参考文献[1]。

对于这类直接覆土的非金属油罐，总传热系数 $K \approx 0.582 \sim 1.163$W/m² · ℃

3. 油罐蛇管式加热器的管长计算

蛇管式加热器的加热管总长度 L 按下式计算

$$L = \frac{F}{\pi d} \tag{4-29}$$

式中 F——加热器面积，m²；

d——加热器管外径，m。

蛇管式加热器的蒸汽进出口压力 p_1 和 p_2 在蒸汽管路设计中是已经确定了的。如果加热器的总管长度过长，将使流经加热管的蒸汽量减少对油品的供热不足和出现冷凝水的过冷现象出现。为了避免这种现象，可将蛇管式热器分成几个管段，并且每个管段有独立的蒸汽进出口。

蛇管式加热器每个分段的长度 l 可按下式计算

$$l = \frac{D}{2}\sqrt[3]{\frac{C\,(p_1^2 - p_2^2)}{\lambda_H g}\left[\frac{i_z - i_n}{K_0(i_z - t_y)}\right]^2} \qquad (4-30)$$

式中 l——加热器分段和管长，m；

D——加热器管子的外径，m；

C——系数，其值为0.000051/m；

p_1——加热器进口的蒸气压力，Pa；

p_2——加热器出口的蒸汽和冷凝水压力，Pa。

λ_H——沿程阻力系数，m；

i_z——饱和蒸汽的热焓，J/kg；

i_n——饱和冷凝水的热焓，J/kg；

K_0——蒸汽经加热器到油品的总传热系数，W/m^2·℃；

t_z——饱和蒸汽温度,℃；

t_y——罐内被加热的油品的平均温度,℃。

按式(4－30)求得的 l 就是在不发生冷凝水过冷情况下蛇管加热器每个分段的最大长度。加热器分段的节数 N 为

$$N = \frac{L}{l} \qquad (4-31)$$

求得的 N 值需要取为整数。

对于分段式加热器，它是由几根平行管组成分段，蒸汽的压降较小，一般不易出现冷凝水过冷现象。如要计算分段的长度，可参照上述蛇管每节长度的计算方法，但此时几根平行管中蒸汽的质量流量总和才是分段的蒸汽质量流量 G，分段的总管长等于各平行管长度之和。

以上介绍的是根据水力和热力计算来确定不发生冷凝水过冷情况下的加热器每节的最大管长和加热器的分节数。实际上加热器究竟分成几节，还应考虑到方便加热作业的需要。

4. 用于油罐加热器的蒸汽消耗量的计算

采用饱和蒸汽作为热源，加热器排出的是饱和冷凝水，则加热器所用的蒸汽量 G_z 为

$$G_z = \frac{Q}{i_z - i_n} \tag{4-32}$$

式中 G_z——加热器所用的蒸汽量，kg/s；

Q——单位时间内加热油品所需的总热量，kW；

i_z——干饱和蒸汽的热焓，kJ/kg；

i_n——饱和冷凝水的热焓，kJ/kg。

二、油罐的水垫加热

热水垫层至上部被加热油品的总传热系数 K 可按以下经验公式决定

$$K = 0.85 \frac{\lambda_y}{D} \sqrt[4]{Gr \cdot Pr^2} \tag{4-33}$$

式中 λ_y 指油品导热系数，D 指油罐的直径（如果容器不是圆形，取 $D = 4F/S$，F 为容器截面积，S 为截面的周长），准则 Gr 和 Pr 中的物理参数均取水垫层温度下油的参数（即以水温为定性温度），温差取水垫温度与油品平均温度的温差，定性尺寸取油层厚度。

热水垫层传给上部油品的热量 Q 为

$$Q = KF(t - t_y) \tag{4-34}$$

式中 t 是热水垫层温度，t_y 是油品平均温度。

如果用蒸汽通入水垫层来加热水垫，则蒸汽的压力应不大于 $\left(\frac{H\rho_y}{10^4} + 0.5\right)$atm，此处 H 是油层厚度，单位取 m；ρ_y 是油品的密度，单位取 kg/m^3。如果蒸气压力过高，水蒸气将搅动水垫层液面。

三、热油循环加热

热油循环加热法就是将油罐中的油品抽出一部分，经换热器或加热炉加热至较高的温度，再用泵送回油罐中与罐内原来的冷油混合，直至整个油罐中油品的温度达到所要求的加热温度。当被加热至较高温度的油品被泵送入加油罐时，在泵压的作用下，经过专门的喷射器，热油以一定速度喷入罐内的油层中，起到机械搅拌作用，提高了传热效果。

采用热油循环加热法不必在罐内安装管式加热器，避免了因石蜡沉积物的堵埋而破坏加热工作。热油循环时热油在罐内油品中的喷射也可起到搅拌作用，使石蜡物悬浮而不致在罐底沉积。这种方法对于储存高含蜡原油的油罐加热是比较好的。

循环加热的油品质量流量 G_{re} 可根据下列热平衡方程式求得

$$KF(t_y - t_j) = G_{re}c(t_{re} - t_y) \tag{4-35}$$

式中 K——油罐的总传热系数，W/m^2·℃；

F——油罐的散热面积，m^2；

t_y——油罐内油品的温度，℃；

t_j——油罐周围的介质温度，℃；

c——油品的热容，J/kg·℃；

t_{re}——用于循环加热的油品加热温度，℃。

当循环加热是为了罐内油品升温，根据热平衡原理可列出下列微分方程

$$Gc\mathrm{d}t_y = [G_{re}c(t_{re} - t_y) - KF(t_y - t_j)]\mathrm{d}\tau$$

积分后可得

$$\frac{(G_{re}ct_{re} + KFt_j) - (G_{re}c + KF)t_{y2}}{(G_{re}ct_{re} + KFt_j) - (G_{re}c + KF)t_{y1}} = e^{\frac{G_{rec}+KF}{Gc}\tau} \tag{4-36}$$

式中 G——油罐中油品的总质量，kg；

t_{y1}——罐内油品加热开始时的温度，℃；

t_{y2}——罐内油品加热终了温度，℃；

τ——加热时间，s；

G_{re}——循环加热用的油品质量流量，kg/s。

式(4－36)中 G、c、t_{y1}、K、F、t_j 等项都是已知的或可以确定的。因此在 G_{re}、t_{re}、t_{y2}、τ 这四项中，只要知道任意三项就可求出另一项。

四、红外线加热

利用红外线辐射器发射波长为0.75～1000μm的电磁波，对槽车或容器进行加热，操作方便，热损失少。依靠辐射作用可把热量几乎全部投向加热表面，减少散失于大气中的热损失，因此热效率高。

用镍－铬－铁合金或铁－铬－铝合金做成的扁条电热带，辐射出的红外线可用来加热罐车。电热带的电阻可通过改变其长度和截面大小来调整。用陶瓷纤维或氧化铝空心球做成的隔热块，能起到防止热量向反面传递和起到电绝缘的作用。在隔热块支承的电热带后面装设弧形经过氧化处理的铝板制造的反射板，使红外线集中射向要加热的罐车。红外线也可用专门的红外线灯泡通电后获得。

罐车壁受红外线辐射而被加热，与蒸汽加热套相似。

五、电阻加热

利用电热丝或钢管本身通电后产生的热量对油品进行加热，具体作法有：

① 在不锈钢管内装电热丝，在电热丝和钢管间充填氧化镁，它起绝缘和传热作用；

② 利用铁棒构成加热器，在铁棒外面套磁管，在磁管的螺纹槽内绕电热丝，通电后，让电热丝发热来加热油品；

③ 直接向管道通电，由钢管本身电阻使管路发热，加热管内需加热的油品。

第四节　油罐的保温

石油库中加装保温层能起到节省热能、减少加热器面积和降低加热设备容量的作用。

对保温材料的要求是：应有较低的导热系数，一般导热系数不大于0.140W/m·℃，最大也不应超过0.233W/m·℃；密度要小，一般应低于600kg/m³；耐热温度高；耐振动；抗压强度应不小于0.3MPa；含可燃物及水分极少；吸水性低；对金属无腐蚀作用；化学稳定性好等等。

保温层外面还要做维护结构保护保温层，油罐保温层外面常用镀锌铁皮作保护层，若采用黑铁皮作保护层时其内外表面均应刷红丹漆，施工完后外表面再刷醇酸磁漆以防锈蚀。油罐顶部一般不做保温层，但应在罐壁上部与罐顶边缘连接处做防水檐防止雨水进入罐壁的保温层。对人孔和进出油管等处的保温层应做局部防水处理。罐底脚处的铁皮保护层应刷一圈沥青，并在铁皮底脚处周围用沥青封口。

立式钢油罐保温层的经济厚度可按下式计算

$$\delta = A\sqrt{\frac{f_n \lambda \tau (t - t_0)}{P_i S}} - \frac{\lambda}{\alpha} \tag{4-37}$$

式中 δ——经济保温层厚度，m；

t——介质存储温度，℃；

t_0——环境温度，℃；

A——常数，1.8975×10^{-3}

λ——保温层的导热系数；

τ——介质存储温度高于环境温度地年操作时间，h；

f_n——热能价格，元/10^6kJ；

P_i——保温层结构单元造价，元/m³；

S——保温工程投资贷款分摊率，按复利计算

$$S = \frac{i(1+i)^n}{(1+i)^n - 1}$$

式中 n——计利年数，年；

i——年利数；

α——保温层外表面向大气的放热系数，W/m²·℃。

第五章 油品的装卸作业

油库的主要设施是围绕油品的收发和储存来设置的，因此其装卸系统非常重要。根据油品运输方式的不同，油库相应有铁路装卸油、水路装卸油、公路装卸油、管路装卸油等几种方式。

第一节 铁路装卸油系统及其装卸方法

铁路装卸油系统根据油品性质，可分为轻油装卸系统和黏油装卸系统；根据油品的装卸方法，又可分为上卸、下卸、自流和泵送等方式。

一、铁路装卸油系统

1. 轻油装卸系统

轻油装卸系统由真空系统、输油系统、放空系统组成。

1）真空系统主要部分包括真空泵、真空罐、真空管线和扫舱短管等。其作用是填充鹤管的虹吸和收净油罐车底油。

2）输油系统主要部分包括卸油鹤管、集油管、输油管和输油泵等。其作用是输转油罐车与储油罐内的油品。

3）放空系统组成部分包括放空罐和放空管线。其作用装卸完毕后，放空管线中的油品，以免下次输送其他油品时造成混油现象或易凝油品冻结于管线中。放空罐多安置在油泵房附近，并采用地下卧式油罐，以实现自流放空。当某些输油管输送油品性质相近，不致造成混油损失或冻结时，可不设放空系统。

2. 黏油装卸系统

黏油多采用下部装卸，使用吸入能力较强的往复泵或齿轮泵进行装卸。黏油装卸不需要设置真空系统，但应设置相应的加热盘管和蒸汽甩头等加热设施，以满足油品加热的要求。

3. 装卸系统管网连接

(1) 鹤管与集油管的连接

1) 专用单鹤管式。这种形式的集油管一般与铁路作业线平行，如图5-1所示。该形式适用于对质量要求较高的油品装卸。对于单股作业线，集油管布置在铁路作业线靠近泵房的一侧，鹤管间距12.5m。

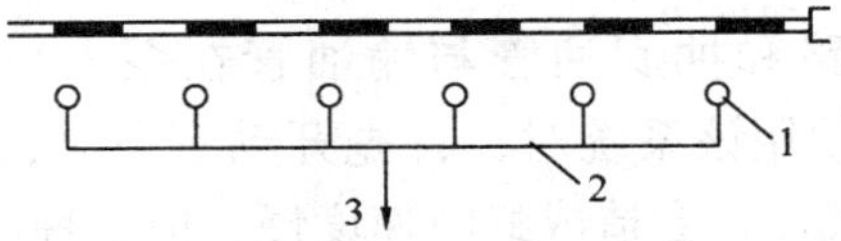

图5-1 作业线集油管的布置

1—鹤管；2—集油管；3—至泵房

2) 两用(或多用)单鹤管式。这种形式每一个鹤管分别和两条(或多条)集油管相连，如图5-2所示。该形式可以同时装卸两种(或多种)油品，常用于汽油、柴油的装卸。对于单股作业线，鹤管间距12.5m；对于双股作业线，集油管布置在双股作业线之间，鹤管供两条作业线共用，鹤管间距6.25m。

3) 双鹤管式。这种形式两个鹤管为一组，分别与各自的集油管线相连，如图5-3所示。该布置形式适用于油料品种较多，收发作业量较小，对油料质量要求较高情况。该形式每组鹤管的间距为4~6m，可以根据油品种类的多少而定。

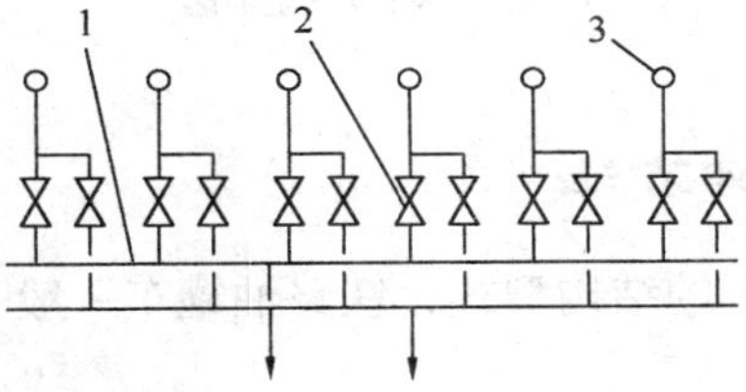

图5-2 鹤管与集油管连接方式

1—集油管；2—阀门；3—鹤管

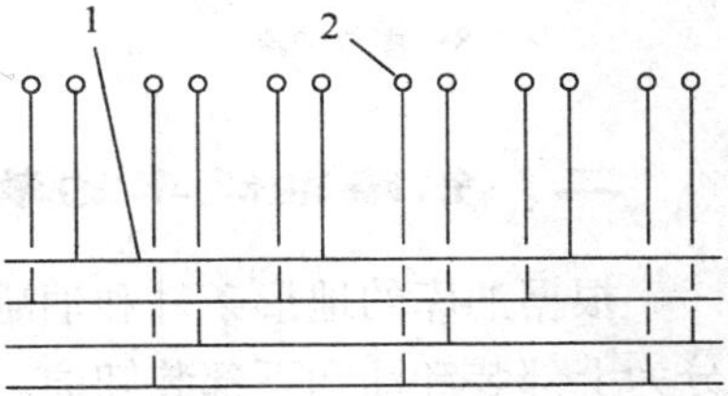

图5-3 鹤管与集油管连接方式

1—集油管；2—鹤管

(2) 真空管和抽底油管的设置

这些管线的连接主要有两种方式：

1) 鹤管控制阀门通过上部引出的一条短管与真空总管和抽底油管相连，如图 5-4 所示。其特点是鹤管虹吸速度快，油品自流进入泵房或零位油罐。采用泵卸时，先打开泵的出口阀门或泵的放气阀，依靠油品的自流将吸入管路的气体排出，然后再启动输油泵。

2)真空管路和抽底油管与输油管在泵入口附近连接，如图 5-5所示。使用该系统时，首先开动真空泵，真空系统排出吸入管路中的气体，会造成虹吸速度慢。但这种连接方式可以避免离心泵开阀启动。真空集油管只作为扫舱用。

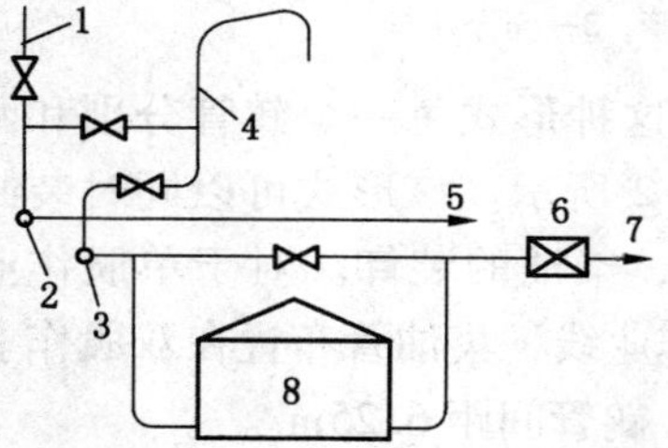

图 5-4 真空管和抽底油管的布置

1—抽底油管；2—真空总管；3—集油管；4—鹤管；5—至真空罐；6—输油泵；7—至油罐；8—零位油罐

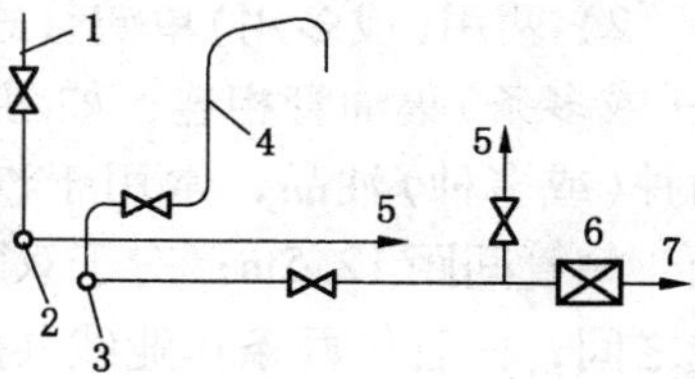

图 5-5 真空管和抽底油管的布置

1—抽底油管；2—真空总管；3—集油管；4—鹤管；5—至真空罐；6—输油泵；7—至油罐

二、铁路油罐车的装卸方法

根据油库的地形条件和油罐车的结构型式，铁路油罐车一般分为上部装卸油和下部装卸油。

1. 上部卸油

这种方式是将鹤管端部的橡胶软管或活动铝管从油罐车上部的人孔插入油罐车内，然后用泵或虹吸方法自流卸车。主要有自流卸油、浸没泵卸油、泵卸油几种卸油方式。

(1) 自流卸油

当油罐车液面高于零位油罐并具有足够的位差时，采用虹吸自流卸油，自流卸油必须具备抽真空或填充鹤管虹吸的设备。这种卸油方法使用设备少，操作简单。但是增加了零位油罐，多一次输转，增加了油品的损耗。

(2) 浸没泵卸油

浸没泵安装在卸油鹤管的软管末端，泵利用电动机带动，利用浸没泵进行油品的上卸。泵和电动机共装于密闭的外壳中，电机可由油罐车内的油品冷却。此方法灵活有效，适用于野外作业。

(3) 泵卸油

在某些大型油库，经常先采用卸油泵接卸油品输入缓冲油罐，再由转输泵将缓冲油罐内的油品送至储油罐的工艺。其中卸油泵采用具有大排量、低扬程特性的泵，满足快装快卸的要求。输转泵采用小排量、高扬程的泵，其排量只要满足在下次列车到库前能将缓冲油罐内的油品全部送至储油罐即可。这种流程可以减小管路的直径，节约建库投资。为保证泵吸入系统充满油品并在鹤管顶点和吸入系统任何部位都不产生气阻断流的现象，使用此方法必须配有真空泵以满足灌泵和抽吸底油的要求。

泵卸油的优点是从油罐车内卸出的油品可不经过零位罐，直接泵送至储油罐，减少油品损耗。其缺点是必须设置高大的鹤管、栈桥和真空系统等，设备多、操作复杂，容易形成气阻，影响正常卸油。

2. 下部卸油

目前接卸黏油时广泛采用下部卸油的方法。该系统主要由油罐车下卸器与输油管路等组成，罐车下卸器与集油管间用橡胶管或铝制卸油臂连接。此方法可以克服上部卸油的全部缺点，同时该系统地面建筑少，有利于对空隐蔽和操作。但须改善下卸器结构，以避免因颠簸或经常开关导致轻油漏油现象，以保证安全生产。

3. 自流装车和泵送装车

我国储备油库多建筑在山区，储油区多布置在山体或峡谷的纵深地带，其标高大部分都高于装卸区的标高可以采用自流装车。这种方法节省投资和经营费用，不受电源影响，安全可靠。

地形条件不具备自流装车条件的油库，都采用泵送装车。

三、铁路油罐车和铁路专用线

1. 铁路油罐车

（1）油罐车分类

铁路油罐车是散装油品铁路运输的专用车辆，油罐车由罐体、油罐附件、底架和走行部分三部分组成。罐体是两端为准球形头盖的卧式圆筒形油罐，油罐由4～13mm的钢板焊接制成，圆筒下部的的钢板比上部钢板厚20%～40%。罐顶上带有空气包，空气包用来容纳因油品温度升高而膨胀的油品，其容积为油罐容积的2%～3%，钢板厚度为6mm。空气包上有一带盖人孔，孔盖为圆形并呈半球状，刚性很大，关闭时利用杠杆和铰链螺栓压紧，在罐车盖与人孔间夹以垫片保证密封。罐的底部略有坡度，并坡向集油窝以便抽净底油。在空气包附近设有平台，罐车内外皆有扶梯供操作人员登车和进入罐内。

按油罐车装载油品的性质，可将其分为轻油和黏油罐车两类。其载重量分别为50t、52t、60t、62t等多种类型，国内使用的油罐车大多数是50t和60t的。

（2）黏油罐车

黏油罐车是运输黏油用的，因此大多设有加热装置和排油装置。运送成品黏油的罐车外表涂成黄色，运输原油的罐车外表涂成黑色。

有很多黏油罐车带有加热套。黏油罐车加热套焊接在罐体的下部，为夹层式，呈半圆筒形。它的外壳是由5mm厚的钢板制成，内壳即罐体钢板，四周用的角钢作为纵向及环向支铁。加热套设有通气槽，以便蒸汽通过和凝结水排出。带加热套的黏油罐车加热效果好，比内部有蒸汽加热管的黏油罐车快 4 ~ 6 倍，缩短了黏油的卸车时间，此外使用加热套蒸汽损耗量少，操作方便，并且因蒸汽不与油品直接接触，保证了油品的质量。

(3) 轻油罐车

轻油罐车用于运输汽油、煤油、柴油等轻质油品，罐体外一般均涂成银白色。

为减少运输途中的呼吸损耗和保证安全，轻油罐车在罐体上(或空气包上)装有一个进气阀和两个出气阀，其控制压力为 1.5×10^{5} Pa，真空度为 0.2×10^{5} Pa。当罐内真空度超过 0.2×10^{5} Pa 时，罐内外压差迫使进气阀阀芯与阀座离开，大气经阀罩和阀体上的孔，并通过阀芯与阀座间的空隙和过滤网进入罐内。当罐内真空度小于 0.2×10^{5} Pa 时，阀芯借弹簧张力与阀座贴合，切断与大气的通路。弹簧张力的大小可借助旋转螺帽兼调节。当罐内正压超过 1.5×10^{5} Pa，出气阀打开，排出油气混合气体。当压力小于 1.5×10^{5} Pa，在弹簧张力的作用下，阀芯与阀座压紧。弹簧张力的大小同样可用旋转螺帽来调节。

现在常采用呼吸式安全阀，也称为呼吸阀，其作用原理和进气阀及出气阀一样。由于它的结构简单，因而取代了进气阀和出气阀。

(4) 技术经济指标

1) 标记载重和自重。油罐车上标示的标记载重量是根据设计资料计算确定的，标记载重量单位以吨计。罐车上标示的自重是指空罐车自身的重量，自重单位以吨计。

2) 实际载重量。油罐车可以装载油品的重量称为实际载重量，单位以吨计。实际载重量以油罐车的有效容积乘以装载油品的密度来计算的。

3) 净载重系数。油罐车净载重与标记载重加自重之和的比值称为净载重系数，其数值一般在 0.55 ~ 0.7 之间。净载重系数的大小取决于油罐车的结构、材质、罐体的有效容积和油品的密度，一般是有效容积越大，净载重系数越大。净载重系数是表示油罐车经济效率的主要指标之一，净载重系数越高，说明油罐车运油的效率越高。

4）冷却系数。油罐车油罐表面积与载重量的比值称为冷却系数，其表示每吨油品的散热面积。冷却系数越小，油品在运输过程中散热就越慢，这对运送易凝、高黏油品是十分有利的。

随着石油工业的发展，油罐车的技术质量也在逐步提高，结构日趋完善。它的结构改进主要有以下几点：

① 取消空气包。近年来生产的油罐车，有些已取消了空气包。无空气包的油罐车是在罐体容积不变的情况下，增加了油罐车的长度，以弥补空气包这一部分的容积和装油安全高度，避免造成液体膨胀外溢。

② 增大容积。目前我国已广泛使用有效容积为 $60m^3$ 的油罐车。

③ 简化底架结构。目前使用的无底架油罐车具有重心低、自重轻、运行稳定性高、检修方便、制作成本低等优点。

其他如在油罐车的加热装置、罐内壁防腐等方面的研究等也已取得大量的成果。

2. 铁路装卸作业线的设置要求

油库一般都在专门修建的铁路岔线（专用线）上进行铁路油罐车的装卸作业。为便于实现自流装卸，铁路专用线的装卸作业线应敷设在油库的最低或最高处。为利于散装油品的精确计量、卸净油品和防止油罐列车溜车事故，作业线应严格保持平直线段。

装卸作业线的车位数，应按油品运输量确定。为了安全防火，铁路机车取车、送车是推车进库，拉车出库，所以装卸作业线应采用尽头式布置。当一列龙车或一个车组停在装卸作业线上，其中某一辆油罐车失火时，便于将后部的油罐车后移，将前部的油罐车牵离火灾现场，以免受着火油罐车的影响，规定装卸线上油罐车列的始端车位车钩中心线至前方铁路岔道警冲标的安全距离，不应小于31m，终端车位的车钩中心线至装卸线车档距离不应小于20m。

铁路岔线装卸作业线的股道数，根据实际情况考虑。对于经营油品比较单一的油库及其他中小型油库，常设置图5－6(b)所示的单股作业线或图5－6(a)所示的双股作业线。车位为12及以下时，一般应设单股作业线；车位大于12时，可设双股作业线。两条装卸作业线共用一座栈桥或一排鹤管时，两条作业线中心线之间的距离不宜大于6m。对于收发作业频繁、油品种类较多、散装黏油收发量较大的油库，如图5－7所示可增设第三股作为黏油作业线，其中Ⅰ为黏油装卸作业线；Ⅱ、Ⅲ为轻油装卸作业线，Ⅲ又可作为桶装油品或其他物资的装卸线。Ⅰ和Ⅱ两股作业线中心线之间的距离应为10～15m。需建黏油装卸暖房时，应将暖房布置在第Ⅰ股作业线的尾端，这时第Ⅰ和Ⅱ股作业线中心线之间的距离应为15m。图中的Ⅳ为桶装油品装卸站台，它的边缘至装卸作业线中心线之间的距离，不应小于1.75m。站台的顶面应不高于轨面1.1m。

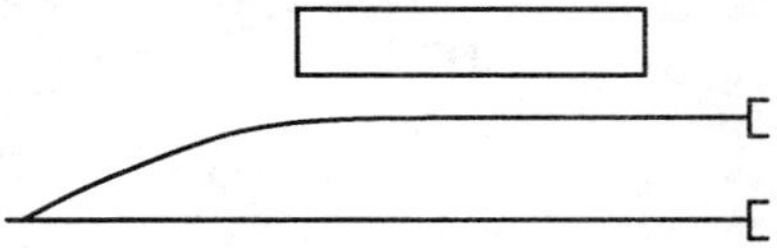
(a)双股作业

(b)单股作业线

图5－6　单股和双股作业线布置

汽油、煤油、轻柴油等轻油与重油、润滑油等黏油的装卸作业线宜分开设置。当二者设置在同一条作业线上时，相邻轻、黏油两鹤管之间的距离不宜小于24m。且将轻油作业线放在铁路岔线的前部，而将黏油作业线放在铁路岔线的尾部。桶装油品装卸作业线，可与散装油品装卸作用线合用，将其布置在作业线的尾部。作业线上的桶装油品车位至相邻散装油品车位的净距，不应小于10m。

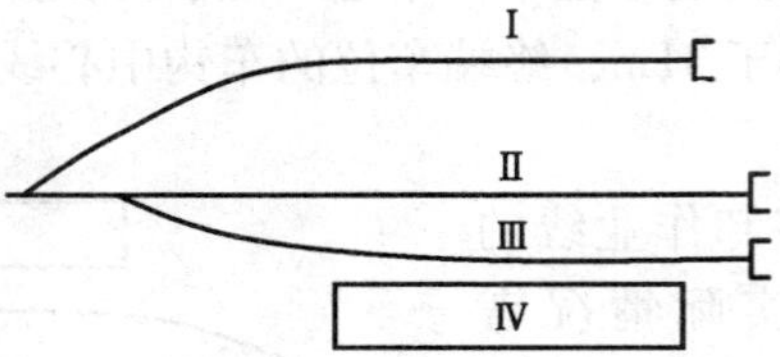

图 5－7　三股作业线布置

Ⅰ黏油作业线；Ⅱ轻油作业线；

Ⅲ轻油与桶装作业线；Ⅳ货物装卸站台

装卸作业线长度 L（由铁路岔线警冲标至作业线末端）可由下式计算

$$L = L_1 + L_2 + nl = L_1 + L_2 + L_3 \tag{5-1}$$

式中　n——油品一次到库的最大油罐车总数，若采用两股作业线时，取一次到库最大油罐车总数的一半；

l——油罐车的两端车钩内侧距离，m；

L_1——作业线起端（一般自警冲标算起）至第一辆油罐车始端距离，一般取 $L_1 = 10$m；

L_2——作业线终端车位的末端至车档的距离，一般取 $L_2 = 20$m。

四、铁路装卸油设施

1. 鹤管

(1) 鹤管的结构及要求

鹤管是铁路油罐车上部装卸油品的专用设备，它的主体是由 Φ108mm 和 Φ200mm 的钢管或铝管制成。鹤管的结构尺寸与安装位置必须符合《标准轨距铁路接近限界》的有关规定。鹤管的水平伸长不得小于 2.6m，鹤管伸入铁路接近限界以下部分的最低位置距轨顶的高度不小于 5.5m。鹤管上一般都有可供左右旋转、上下起落和前后伸缩的装置，以减少对位的困难。

(2)常用鹤管形式

目前国内外常用的有固定式万向鹤管、自重力矩平衡鹤管、*DN*100－Ⅰ型轻油装卸鹤管、*DN*100－79型轻油装卸鹤管、气动鹤管、卸油臂、大鹤管等多种形式的鹤管，这些鹤管各有其特点。

(3)鹤管数量的确定

鹤管数量是由一次来库油罐车数量和罐车在库滞留时总装卸油流量决定的。油库中全部鹤管数等于各种油品所需鹤管数的总和。当栈桥布置在作业线一侧时，鹤管数量一般为栈桥在两股道中间布置时的两倍。某种油品鹤管的数目，应等于该种油品一次到库的最多油罐车数。它取决于该种油品铁路运输的年周转量、铁路干线上机车的牵引能力和列车编组等多种因素。

对于供应(分配)油库的某种油品，一次到库的最多油罐车数 n，可按下式计算

$$n = \frac{KG}{360V\rho} \tag{5-2}$$

式中 K——收发波动系数，K 取决于沿途的自然条件、生产情况以及车辆调拨等因素，一般取 $K=2\sim3$；

G——该种油品散装铁路收发的计划年周转量，t/a；

V——一辆油罐车的容积，m^3；

ρ——油品的密度，t/m^3。

对于储备油库或大型中转油库，由于收发量较大和时间集中，常是整列收发。因此，一次到库的最多油罐车数 n，即为整列油罐车的数目，它取决于铁路干线上机车牵引定数，并按下式计算

$$n = \frac{\text{来油铁路干线机车牵引定数}}{\text{一辆油罐车自重 + 标记重量}} \tag{5-3}$$

若以一辆油罐车的标记载重为60t，油罐车的自重为22t，则

$$n = 0.012 \times \text{机车牵引定数} \tag{5-4}$$

若一列车中油罐车型号不同时，则需分别计算。

2. 栈桥

栈桥一般与鹤管建在一起，它是为装卸油品所设的装卸台。栈桥到油罐车之间设有吊梯(其倾斜角不大于60°)，操作人员可由此上到油罐车进行操作。

栈桥有单侧操作和双侧操作两种。一般大中型油库均采用双侧栈桥，只有一次来车量很少的小型油库才采用单侧栈桥。

铁路装卸油栈桥的桥面宜高于轨面3.5m。栈桥应采用钢制或钢筋混凝土结构。栈桥上应设安全栏杆。在栈桥两端和沿栈桥每隔60~80m处，应设上、下栈桥的梯子。桥面需做防滑处理，宽度为1.2~1.5m，双侧可以宽些。栈桥立柱间距应尽量与鹤管间距一致，一般为6m或12m。

栈桥上的任何部分都不能伸到规定的铁路接近限界中去。如有些部件(鹤管、吊梯等)必须伸入到接近限界以内时，该部件要做成旋转式的，在不装卸油时，把该部件旋转到建筑物接近限界之外。

按式(5-5)和式(5-6)可计算单侧栈桥和双侧栈桥的长度

$$L = nl - \frac{l}{2} \qquad (5-5)$$

$$L = \frac{(n-1)}{2}l \qquad (5-6)$$

式中 L——栈桥长度，m(一般取$L=12.2$m)；

n——一次到库最大油罐车数；

l——一辆油罐车的计算长度，m。

3. 零位油罐和缓冲油罐

(1) 零位油罐

零位油罐和缓冲油罐不担任长期储存的任务，是为了满足快装快卸等工艺要求设置的。零位油罐用于自流卸车系统中，因为它的最高液面低于附近地面，故得名为零位油罐。零位油罐的总容量，不应小于一次卸车量，因而它的总容量可按油罐列车一次

到库的最大油量计算，并考虑一定的安全余量。零位油罐的容量一般可按式(5－7)计算

$$V = 1.25 \times V'n \qquad (5-7)$$

式中 1.25——考虑到零位油罐的装满程度和输转不均衡等因素的安全系数；

V'——一辆油罐车的计算容积，m^3；

n——该种油品一次到库的最大油罐车数。

零位油罐与装卸油品作业线中心线之间的距离不应小于6m。

(2) 缓冲油罐

缓冲油罐用于自流装油系统或因储油区与铁路装卸区距离较远，联系不便而设置的。它的总容量亦可参照零位油罐容量计算公式计算。

若在装卸车的同时有可能进行库内输转时，零位油罐和缓冲油罐的容积可根据输转能力相应减少。一般情况下尽量不设零位油罐和缓冲油罐。

4. 集油管和输油管

集油管是一条鹤管的汇集总管，一般平行于铁路作业线。集油管一般用无缝钢管制成，当鹤管数目较多时，也可用两种不同管径的钢管焊接而成。在集油管的中部引出一条输油管与输油泵相连。集油管的连接，一般采用焊接而不采用法兰，尤其是直接埋入土中时更应如此。在特殊情况下需用法兰连接时，在连接处应设检查井，以便检查。

应根据油罐车位数和装卸区的平面布置确定集油管和输油管的长度和位置。它们的管径应根据装卸油品的数量、允许卸油时间、油品性质、泵的吸入能力以及泵房地坪与铁轨的标高差等通过工艺计算确定。目前在油库设计中，往往是根据设计任务要求的卸油量初定集油管和输油管的直径，然后校核吸入管路的工作情况。

为保证装卸作业结束后，积存在管路中的油品能够自流放空，集油管和输油管必须按一定的坡度敷设。集油管的坡度应大

于3‰(对清油管路为3‰~5‰，黏油5‰~10‰)。一般集油管自两端(或一端)坡向中间，中间与输油管接口相接，输油管宜坡向泵房。

第二节　水路装卸设施及装卸方法

一、水路装卸油设施

1. 油船

油船是海运或河运散装油品的工具。由于我国油田分布较广，炼油厂遍布全国各地，又有绵长的海岸线和可供航行的江河湖泊，以及油船运输本身的经济性，所以需要大批的各种类型的油船来运油。

油船营运的经济性，从运输成本来看，随着油船吨位的增大而降低。而且，用泵通过管系装卸货油，可以保证在一昼夜内将油装卸完，油船吨位的增大不会受装卸效率的限制。油船还可停靠在简单的岛式码头装卸，或在深水中专设的单点系泊装置上用浮筒和管线将货油卸到岸上，因此油船吨位的增大，不受水深及航道限制。

(1) 油船的分类

根据有无自航能力，油船可以分为油驳、油轮、储油船。

1) 油驳。油驳不带动力设备，不能自航，须依靠拖船牵引并利用油库的油泵和加热设备进行装卸和加热。油驳分为海上和内河两类。我国油驳一般都在内河使用，载重量有100、300、400、600、1000、3000吨多种。一般有6~10个油舱，并有一套可以相互连通或隔离的管组，有的也可以装卸两种以上的油品。油驳是单条或多条编队由拖轮拖带或顶推航行，是内河大宗货油和码头、港内货油及燃料油驳运工具。油驳编队航行中拖带油驳的拖轮，在拖轮上要求有强大能力的消防设施。

2）油轮。油轮带有动力设备，可以自航，一般还设有输油、扫舱、加热以及消防等设施。各种石油产品的闪点、黏度、密度等特性不同，对载运不同种类石油产品油轮的要求就不一样。

国内海运和内河使用的油轮，可分为万吨以上，3000 吨以上和 3000 吨以下几种。万吨以上的油轮主要用于海上原油运输；成品油的海运和内河运输，多以 3000 吨以下的油轮为主。

3）储油船。随着海上开采石油的发展，离岸太远时，则可将海上油井开采出的石油通过输油管装到储油船上，储油船能停靠油轮，再将石油卸到油轮上，由油轮运往其他地方。采用储油船来储存和调拨石油，可保证海上开采石油能够连续生产。

储油船一般要比停靠的油船吨位大，储油船没有主机，不能自航。储油船的其他设施与一般油船相似。

(2)油船的主要技术指标

油船的主要技术指标主要有以下几种：

1）载重量。载重量是承运的油品和油船本身消耗的物品(燃料、锅炉及生活用水、储备用品)的总重量。

2）载货量。载货量是承运油品的重量。

3）排水量。指油船满载时排开水的重量，它等于油船的自重和载重量之和。

4）吃水深度。指满载时的吃水深度。

5）航速。指满载时的航速。

载重与排水量之比称为排水量的利用系数，它表示油轮构造的完善程度。利用系数一般为 0.65 ~0.8 之间。

(3) 油轮的总布置特点

油轮的货油舱与其他部分相隔而形成一个整体，另外还设有机舱、锅炉舱、货油泵舱、专用压载水舱、隔离空舱、干货舱等。

1）货油舱。货油舱是油轮装油的部分。货油舱范围内采用单层底、单层连续甲板。为增加油轮的稳定性，用纵、横舱壁将全船的货油舱分成若干相互密封隔绝的单独的货油舱室，当油轮动摇时，可减少油品的水力冲击。几个货油舱缓慢抽出油品时，可以使油轮向船首或船尾倾斜，这样更便于将油品抽吸干净，同时还可增加防火安全。

2）货油泵舱。货油泵舱是用来布置货油泵等设备的舱室，它在油轮上的位置，有布置在艉部的，亦有布置在艏部或舯部区域的。在艏部时，将其放在机炉舱之前，可起着与货油舱的隔离空舱的作用。视油船的大小和营运的某些要求来确定货油泵舱数目，一般设置一个或二个。

3）机舱和锅炉舱。它们设于艉部，即所谓“艉机型”船舶。

4）隔离空舱。隔离空舱是为了防止油品蒸气渗透和防火防爆的需要设置的。货油舱与机炉舱、干货舱、起居服务处所之间，以及载运闪点在65℃以下的石油产品与燃料油舱、机舱等其他舱室之间，均应设隔离舱。当运送汽油时，在隔离舱内必须灌满水。当油轮运载几种油品时，每两种油品舱室之间亦须设一隔离空舱。隔离空舱舱壁间的距离900～760mm。货油泵舱和压载舱可兼作隔离空舱。

5）专用压载水舱。它是为了油轮单程载运货油，返航时压载航行而设置的。为使压载航行时能达到适宜的艏艉吃水，以便保证油轮能得到适宜的适航性、航向稳定性等航海性能，需要很大压载舱容量，来装载压载水。专用压载水舱容积是根据所需的专用压载水量来确定的，一般都按一般风浪（即六级风浪）和较大风浪（六级以上风浪）情况来考虑。在保证适宜的航海性能情况下，尽可能限制在较小的容量范围内，在遇到较大风浪时，考虑在部分货油舱内装载压载水。

根据现有航海经验和世界一些航海组织的建议，压载水量应为载重的30%～50%。如在我国自行设计建造的50000t远洋油轮上，设置了专用压载水舱，其容量占货油舱总容积的33%。

（4）管系

1）输油管系。输油管系由与岸上输油软管或输油臂连接的输油干管、结合管接头及伸向各货油舱的输油支管组成。

甲板上的输油干管上装有过滤器，以防止污物进入管路，损坏泵或阀门，通向每一货油舱的输油支管末端，均装带滤网的吸油口，一般安装在货油舱艉端尽量低的地方。

结合管接头位于油轮中部甲板上，供与岸上输油管或金属输油臂接连。每一接头装有一叉形短管，以便同时连接两根软管。油轮上也常备有变径管，以便能与管径不同的岸上软管连接。

为使排出油品装至其他船上或岸上，输油管路在甲板上必须设有排出管路。排出管路由从泵排出端伸向甲板的垂直管及敷没在甲板上的水平管所组成。此外，还设有绕过货油泵注油管，以进行货油舱的装油。

2）货油泵舱管系。货油泵的数量、排量及压头是根据该船装载货油的种类、数量、装卸时间、航行的港口、油库的远近及高低等因素而定的。应符合下列要求：

① 能保证安全作业，无火灾发生的可能性；

② 尽量使舱内的余油减少到最低量；

③ 尽量做到装置简单，操纵和检修方便；

④ 装卸货油时，应保证油轮的稳定性；

⑤ 在同时装卸不同油品时，干管内应保证不混油；

⑥ 应保证闸阀的甲板开闭装置操纵的可靠性。

3）扫舱管系。扫舱管系主要是用来吸净输油干管不能抽净的舱内残油。扫舱管系的布置是由敷设在油舱底部较小管径的油管组成，要求比油品装卸管路低些，使其具有更低的吸油口，以方便扫舱泵的吸入。为了尽最大可能使残油减少到最小数量，扫舱管路的吸入口应尽量贴近舱底。

扫舱管路大多是一个独立管路。其干管及其通至各舱的吸入支管，都装有闸阀控制油品流向。

4）蒸汽加热管系。为了在卸油时加热油轮所运载的黏度大、高凝点的油品，降低其黏度，增加油品的流动性，提高卸油效率，一般设置蒸汽加热管系。油品加热管应尽可能靠近船底，以免造成舱底硬化油层的加热困难。吸油口的周围应设螺旋型盘管，使油品能顺利流进吸入管内。

5）消防管系。消防管系包括一系列固定的消防管路系统，如海水灭火系统、蒸汽灭火系统、二氧化碳灭火系统、泡沫灭火系统和卤化物灭火系统等。该管系是为了防止和扑救油轮发生火灾和爆炸事故而设置的。

6）专用压载水管系。专用压载水管系可分为两个部分：一部分是通向各专用压载水舱的管路，一部分是通向货油泵舱的管路。通向各专用压载水舱的管路，一般采用单线式的布置，各压载舱的支管与专用干管相连。每个舱均设有吸入口控制阀。

7）透气管系。透气管系是用来排出油舱内油气的。油轮装载时，排挤出油舱内的空气；卸载时，防止油舱内因压力降低形成真空而造成危险。当外界温度发生变化，引起油舱内气压升高和降低，这时如果油舱不与大气连通，则油气就逐渐增加，将会产生足以破坏舱壁的压力。而当舱内压力降低形成真空时，将使油舱壁受到大气压力而损坏，因此，各油舱必须装有连通大气的管路，使油舱内外压力均衡，并保证油舱内排出的油气能安全通至大气。

8）洒水管系。货油舱的主甲板和船体的受热将促使油品的大量挥发。为了降低甲板温度，减轻因太阳晒热甲板而引起油品的急剧挥发，需要设置洒水管系。在热带地区航行，货油舱主甲板的温度可高达60℃以上，油品挥发更为剧烈，因此，当甲板温度较高时，应打开洒水系统，冷却其甲板，降低货油舱内气体空间温度。

洒水系统装置是一种由消防系统干管接出支管，作为洒水系统的干管之用。

9）洗舱管系。在货油舱装载重质油品后，为了避免混油，油舱必须进行清洗。尤其是对装载过汽油等挥发性较强的油品后，因对油舱有强烈的腐蚀作用，为了防腐，加强油船的保养，必须将舱内清洗干净。船只进坞修理之前，必须将油舱清洗干净，以免进坞后热工修理之时，发生油气爆炸事故。

为了将卸油后残留在货油舱内板及构件上的残油洗掉，需设置洗舱管系。

2. 油港和码头

(1) 选址

油船是在油码头上进行装卸的，靠水路运输油料的油库，应设固定码头卸油设施或浮动码头卸油设施。卸油码头应选择在不易产生滑坡、抗冲刷性能较好的位置，与周围建筑物、设施的安全距离应符合相关规定，尽量布置在非油类码头常年风向或强流向的下侧，并有足够的水深和水域面积。

码头处的最低深度为

$$H = T + z_1 + z_2 + z_3 + z_4 \tag{5-8}$$

式中 T——载重量最大船的最大吃水深度，m；

z_1——船底至河底允许的最小富裕量，一般河港 $z_1 = 0.15 \sim 0.25$m，海港 $z_1 = 0.20 \sim 0.60$m；

z_2——波浪影响的附加深度，$z_2 = 0.3 \times 2h - z_1$，m；

h——码头附近最大波浪高度，$z_2 \leqslant 0$ 时，z_2 取零；

z_3——船在装卸和航行中吃水差的附加深度，m，一般河港 $z_3 = 0.3$m，海港 $z_3 = Ku$；

K——与长度有关的系数；

u——航速，km/h；

z_4——考虑江、河、海泥沙淤积的增加量，一般取 $z_4 = 0.4$m。

(2) 油码头的种类

1) 近岸式码头：

① 浮码头。对于水位经常变动的港口，应设置可以随水位升降的浮码头(又称趸船)。浮码头是由趸船、趸船的锚系和支撑设施、引桥、护岸部分、浮动泵站及输油管等组成。它与船舶间的联系在任何水位均一样方便。

② 固定码头。固定码头一般均利用自然地形顺海岸建筑，主要由上部结构、墙身、基床、墙背减压棱体等几部分组成。优点是整体性好，结构坚固耐久，抵抗船舶水平载荷的能力大，施

工作业比较简单；缺点是港内波浪较大时，岸壁前的波浪反射将影响港内水域的平稳，不利于油船停靠和作业。

2）栈桥式固定码头。栈桥式固定码头一般由引桥、工作平台和靠船墩等部分组成。引桥作为人行和敷设管道之用，工作平台为装卸油品操作之用，靠船墩则为靠船系船之用。在靠船墩上使用护木或橡胶防护设备来吸收靠船能量。

3）外海油轮系泊码头。近年来，油轮的吨位不断增加，随着油轮吨位的增加，船型尺寸和吃水也相应加大。近岸式码头已不能适应巨型油轮的需要，因此，油码头开始向外海发展。目前，外海油轮系泊码头主要有以下三种型式：

① 浮筒式单点系泊设施。浮筒式单点系泊设施的特点是船舶不需要抛锚，直接系到装有活动接头的浮筒上。系泊的油轮可随潮流及风浪发生位移，并沿活动接头围绕系泊点自由旋转。浮筒及锚链固定于锚系混凝土块或地锚上，浮筒正下方的海底上设有分配装置，该分配装置上的接头管，一方面与通往岸上的海底油管连接，一方面又与浮筒中心内室管道相连，直通浮筒顶部的输油管臂，装卸时，输油管臂通过浮在水面上的输油软管与油轮上的装油集油管相连。

浮筒的浮体最好做成空心圆柱形的。浮筒顶部设置可旋转的转盘，转盘上有三个主要构件，即系船臂、输油臂及平衡臂，前两者成 90°布置，后者与系船臂及输油臂各成 135°布置。三者也有按夹角 120°布置的，转盘是保证有风浪及潮流的影响下船体随之而旋转的必要设备。

此外，浮筒的周围需用橡胶制成的防冲体防护，以防碰撞。浮筒的顶部还要有照明、灯标、雷达及警报器等设施。在寒冷地区为保持全年作业，在浮筒顶部装有一个特制的加温顶。加温顶是一个罩在浮筒顶上的恒温自动控制盖子。

② 浮筒式多点系泊设施。这种设施的特点是系泊设施和装油设施分开。系泊设施都采用浮筒，缆绳直接系到浮筒上。装卸油设施有三种形式：第一种是海底油管借助于一段软管直接与油

轮上的装油集油管连接；第二种是借助于可沉浮卸油架进行卸油作业；第三种是借助于固定的工作墩进行装卸油作业。

③ 岛式系泊设施。随着海上油轮的吨级越来越大，岛式系泊没施已得到广泛的利用。由于它是建立在外海开敞的海面上，故被认为是提高装卸效率的有效措施。其主要特点是备有独立的靠船墩、系缆墩和装油平台，各个独立结构物之间用人行桥把它连接起来。

（3）油码头泊位数量的计算

设在通航期间 T 内，油品的输入量为 Q_1，输出量为 Q_2，油船的平均容量为 V_c。则在通航期间油船到岸的数量为

$$n_0 = n_1 + n_2 = \frac{Q_1}{\rho_c V_{c1}} + \frac{Q_2}{\rho_c V_{c2}} \qquad (5-9)$$

式中 n_0——油船到岸的数量，只；

n_1、n_2——输入和输出油品之油轮的数量，只；

ρ_c——油品的平均密度，t/m^3；

V_{c1}、V_{c2}——输入和输出油轮的平均容量，m^3。

由于气象、航行及其他条件的限制，油轮的到岸不可能均匀，因此，船只到岸的计算数量应为

$$n' = n_0 K \qquad (5-10)$$

式中系数 K 称为到岸不均匀系数，其大小应根据实际情况，并考虑当地气象及航行的特殊条件选用，在很多情况下 K 是比较大的数值，可在 2.6 以上。

如果油品的输入输出不均匀，则船只到岸的计算数量应为

$$n' = n'_1 + n'_2 = \left(\frac{Q_1 K_1}{\rho_c V_{c1}} + \frac{Q_2 K_2}{\rho_c V_{c2}}\right) K$$

式中 K_1、K_2——油品输入、输出不均匀系数，$K_1 = \frac{G_{max1}}{G_{c1}}$，$K_2 = \frac{G_{max2}}{G_{c2}}$；

$G_{max1,2}$——油品按月计最大的输入或输出量，t；

$G_{c1,2}$——油品按月计平均的输入或输出量，t；

K——船只到岸的不均匀系数，$K_1=\frac{n_{max}}{n_i}$；

n_{max}——按月计，最大的入港油船数；

n_i——按月计，计划入港油船数。

当通航期为T时，船只到岸的计算时间间隔

$$t_1 = \frac{T}{n'_1} = \frac{T\rho_c V_{c1}}{Q_1 K_1 K} \tag{5-11}$$

$$t_2 = \frac{T}{n'_2} = \frac{T\rho_c V_{c2}}{Q_2 K_2 K} \tag{5-12}$$

在 t 时间内，每只到岸油船皆应完成装卸油工作，卸油作业时停泊时间系由下述各时间组成：

① 油船驶进系船设备的时间、靠阜时间及系船时间，$\tau_1=0.25\sim1.5$h；

② 连接装卸油导管所需时间，$\tau_2=0.2\sim0.5$h；

③ 泵全负荷时，油品的卸出时间

$$\tau_3 = \frac{aV_c}{Q_h} \tag{5-13}$$

式中 a——用卸油泵卸出的油量与油船总容量的百分比。对于黏度小的油品，$a=0.95\sim0.97$；黏油及易凝油品，$a=0.92\sim0.95$；

Q_h——卸油泵的平均输送量，m^3/h。

④ 从油船中清除剩余油品所需时间

$$\tau_4 = \frac{(1-a)V_c}{q_h} \tag{5-14}$$

式中 q_h——扫舱泵的平均输送量，m^3/h。

⑤ 油船中油品的加热所需时间 τ_5。它取决于船外水温、大气温度和石油产品的温度及加热设备的能力。

⑥ 卸开导管，解开绳索及船只离岸的时间。$\tau_6=0.25\sim0.5$h；

因此，卸油作业的全部停泊时间为$\Sigma\tau_{i1}$。而装油作业停泊时间为$\Sigma\tau_{i2}$，其计算方法与卸油作业类似，但τ_4、τ_5等于零，τ_3按下式计算

$$\tau_3 = \frac{V_c}{Q'_h} \qquad (5-15)$$

式中 Q'_h——油库内装油泵平均输送量，m^3/h。

如果$\Sigma\tau_{i1} > t_1$，或$\Sigma\tau_{i2} > t_2$时，则一个泊位是不够的，此时泊位的数量为

$$N_1 = \frac{\Sigma\tau_{i1}}{t_1};N_2 = \frac{\Sigma\tau_{i2}}{t_2} \qquad (5-16)$$

当计算出的泊位数量为小数时，需进为整数。

泊位的长度一般采用大于船只10～15m的数值。

3. 输油管

目前国内装卸油导管有橡胶软管和输油臂两种。输油臂一般由立柱、内臂、外臂、回转接头以及与油船接油口连接的接管器组成。输油臂可以克服橡胶软管存在的装卸效率低、寿命短、易泄漏和接管时劳动强度大等缺点，是目前国内外广泛使用的金属装卸油导管之一。

拉索式金属输油臂。其中立柱为双层套管，内层套管用以输送流体，外层套管用作支撑结构。立柱底部有一弯管，用法兰与岸上输油管相连。在液压缸的作用下，回转接头的上部结构可作水平方向转动。内臂为一钢管，输送的油品从其中通过，同时也起支撑作用。在液压缸的作用下，内臂可绕垂直立柱的水平轴作回转运动。外臂也是一钢管，油品从其中通过，其一端（顶部）通过一回转接头由驱动缸带动大绳轮作上下旋转运动，另一端的静电绝缘法兰与三通回转接头相连。三向回转接头是外臂端部与船舶接油口法兰邻接部分，接头由三段弯管分别与二个互相垂直的回转接头组焊而成，可在三个方向自由回转，以满足船舶运动的需要。接管器是与船舶接油口法兰连接的部分，接管器的形式很多，最简单的为法兰盘式，用螺栓和油轮接油口的法兰紧固，

此外还有全液压驱动型接管器，依靠液体压力达到快速接合、释放的目的。平衡配重用来达到外臂与整体平衡的目的。

4. 油船专用泵

(1) 货油泵

油船的卸载主要由船用货油泵（卸油泵）来完成，货油泵是油船不可缺少的设备。

由于油的船装卸油品种不同和大小不同，以及每条油船具体条件不同。对货油泵的要求也不同，油船所采用的货油泵种类很多。从动力机来分，货油泵主要有四种：蒸汽直动式货油泵、汽轮机货油泵、电动机货油泵和柴油机货油泵；按泵体本身来分，主要有三种：往复式货油泵、离心式货油泵、叶片式货油泵。目前常见的货油泵主要有：蒸汽直动往复式货油泵、汽轮机离心式货油泵、电动机离心式货油泵。也有的油船采用柴油机离心式货油泵，或者采用电动机叶片式货油泵。

(2) 扫舱泵

扫舱泵是用来排出货油泵卸油后剩在货油舱底的少部分货油的。因为离心泵没有干吸能力，当吸入口露出油面吸入空气后，造成泵的“打空”，这时货油舱底必然要剩余部分货油。一般情况下，采用离心式货油泵的油船，应设置扫舱泵。往复式货油泵的真空度较高，可以最大程度的将货油吸净可不设扫舱泵。但随着装卸速度要求加快，货油泵排量增大，吸入管内径增大，当剩余货油高度接近吸油口时，会在泵入口产生“旋涡”，使货油泵进入空气，很难将舱底货油吸干，因此，往往也还设有扫舱泵作为辅助货油泵。目前的油船，绝大部分扫舱泵都是往复泵。

(3) 专用压载泵

压载水的装入和排出都是由安装在货油泵舱中的专用压载水泵来完成，为了保证压载水的清洁，专用压载泵不用于吸排油污的压载水和舱底水，压载泵不能用货油泵来代替。

专用压载水泵采用往复泵或离心泵，可以用蒸汽驱动或电力驱动。一般采用电动离心泵较为适宜。

二、水路装卸工艺流程

装卸工艺流程设计的基本原则是：

① 应能满足油港装卸作业和适应多种作业的要求；

② 同时装卸几种油品时不互相干扰；

③ 管线互为备用，能把油品调度到任一条管路中去，不致因某一条管路发生故障而影响操作；

④ 泵能互为备用，当某台泵出现故障时，能照常工作，必要时数台泵可同时工作；

⑤ 发生故障时能迅速切断油路，并考虑有效放空措施。

水路装卸必须在码头上设置装卸油管路。每组油品单独设置一组装卸油管路，在集油管线上设置若干分支管路，在具体配置上，一般将不同油品的几个分支管路(即装卸油短管)设置在一个操作井或操作间内。

可以用油船上的泵从油船卸油。若储油区与码头距离不长、高差不大，也可用油船上的泵直接将油输送至储油区。若储油区与码头高差较大或距离较远时，一般在岸上设置缓冲油罐。利用船上的泵先将油品输入缓冲罐中，然后再用中继泵将缓冲罐中的油品输送至储油区。

装卸作业结束后，为了防止油品在管线内凝结，以及便于检修，或避免下次来另一种油品时混淆，都要将管线内的剩油扫回油罐，或将输油导管内残油扫入油船。

扫线介质主要有蒸汽、热水、海水、压缩空气。除汽油外，其他成品油、原油、燃料油均可用压缩空气扫线。在管线布置时，注意尽可能避免呈下垂凹形的死角，因为在管线呈下垂凹形的地方，压缩空气不易将剩油扫清。

第三节 公路装卸油设施及装卸油方法

公路收发油主要包括汽车收发和灌桶两种方式。

一、公路装卸油设施

1. 汽车油罐车

汽车油罐车是散装油品公路运输的工具。罐体由3mm厚的钢板制成，内装有两个带孔的挡板。为减轻油品在运输途中的水力冲击，通常把罐车隔成三个可以相通的隔间。罐体前端装有量油孔，并有导尺筒直通罐底；罐车中部设有人孔及安全阀；罐车底有排水阀、排油阀。罐车配有扶梯、手摇泵、二氧化碳灭火机和拖地铁链等。

油罐车常常备有一套隔热、加热和用惰性气体保护的安全设备。使液体经过长距离运输后，仍能保持原来的质量，罐车上还设有能精确控制油品数量、工作可靠的“测量器”。

2. 汽车油罐车装卸台

在油库中汽车油罐车灌装一般是在装卸台上进行，装卸台有两种类型，一种是贯通式，另一种是倒车式，应尽量采用贯通式，以方便作业、利于安全。装卸台设置加油栓和流量表。

3. 灌装罐

灌装罐按其形状可分为立式钢油罐及卧式钢油罐。对汽车油罐车装油式灌桶多采用卧式钢油罐。灌装罐按其安装位置又可分为高架、地面和地下三种型式。

高架卧式钢油罐主要是满足油品灌装作业的需要，而不作为油品储存用，故对其容量和数量应确定得当。考虑到小型油库电源可靠性较差的实际情况，因而规定每种油品高架罐的总容量，一、二级油库不应大于日灌装量的一半，三、四级油库不应大于日灌装量。

高架卧式钢油罐的支座由砖石砌筑或混凝土浇筑而成。支座的数目根据油罐容量大小由计算决定。一般小型卧式钢油罐可采用双支座，容量较大的卧式钢油罐则采用三支座。

为便于清洗、检修或适当控制单罐容量等，每种油品的高架罐不宜多于两座。

4. 装卸油鹤管

为了减少向汽车油罐车装汽油、煤油和轻柴油等油品时油品的蒸发损耗和静电积聚等，应采用能插到油罐车底部的灌油鹤管。由于它的注油管能插到油罐车底部，所以可减少油品喷溅、油气蒸发雾化和泡沫，从而降低了油品的损耗；减少静电集聚，安全可靠。

二、汽车油罐车装卸油方法

汽车油罐车灌装有自流和泵送两种方法。由于汽车油罐车容量小、灌装连续性不强，所以应尽可能采用自流灌装。在山区，若地形利用得当，装卸油可实现自流作业。若受地形限制，一般可先将油品泵送至高架罐，然后利用高差自流装车或装桶。

汽车油罐车灌装多使用动态计量，使用较多的为齿轮流量计和涡轮流量计。其中，如将涡轮流量计的涡轮转动通过电磁感应转换器变成电迅号，即可实现自动控制。

三、桶装作业

对于较小数量的油品或质量要求特别严格的某些润滑油，常利用油桶进行储存和运输，直至最后供应到用户，这种作业称为油品的桶装业务。

在油库的设计施工和经营管理过程中，都要对桶装业务有足够的重视。尤其要注意布置合理的流程，尽可能使油桶的灌装、运输和装卸作业机械化、自动化，以提高工作效率。减轻体力劳动，节省人力，减少占地面积和建筑面积。

油库的桶装业务包括油品的灌装、桶装油品的收发与储存、旧油桶的回收、整修和清洗、新油桶的存放与保管等业务。油桶的制造车间只在少数大油库中才有。

1. 灌桶设备及灌桶方法

（1）油桶种类

通常使用的油桶主要有 200L 圆桶、30L 扁桶和 19L 方听三种。

为了顺利灌装，在 200L 圆桶顶上大多开有直径为 50mm 和 19mm 的两个孔，大小口上都装有螺丝塞盖。大口用于灌装或倒出油品，小口用于进出空气。有些油桶只设大口而无小口。专门装润滑脂用的 200L 油桶，桶顶全开口，装有大盖。

30L 扁桶体积小，质量坚固，适用于向交通不便的山区经营网点运送油品。

19L 方听主要用于润滑脂和某些特种润滑油的储存和短途运输。

（2）灌桶方法

灌装油品的方法有容量法和重量法两种。容量法是利用专门的有刻度的计量罐或体积流量表来测量体积，然后将所灌装油品的容量和根据当时油品温度确定的密度换算成重量。重量法是在灌油前后称量油品的重量，两次所称重量之差即为灌装油品的净重。

容量法的优点是节省时间，减少损耗并改善了劳动条件。但要求计量罐或流量表精确，温度测定和密度换算正确无误。重量法的优点是不受温度的影响，不必进行换算，方便而准确。但操作人员劳动条件差，要反复称量油桶，多费时间和劳力。

两种方法比较，容量法是比较合理的，特别是在灌装轻质油品时，容量法更为方便。但对于重油和黏度较高的润滑油，这些油品会粘附于计量罐壁上而不能完全灌入油桶，也会使流量表的齿轮旋转受到一定影响，采用容量法是不适宜的。

（3）计量设备

1）容量法灌桶设备。容量法灌桶计量主要利用流量表或标准计量罐两种设备。

利用流量表法进行灌桶最常用的流量计是涡轮流量计和齿轮

流量计两种。涡轮流量计的精度高、便于实现自动化，一般适用于轻油计量。齿轮流量计的结构简单、比较便宜、适用的黏度范围较宽，轻油和一般黏度不大的润滑油都可适用。但其精度不如涡轮流量计，且实现自动化方面也不如涡轮流量计方便。

在采用流量表灌桶时，须在流量表前面的输油管上装设油气分离器。当含水含气的油品进入分离器后。由于流速降低和离心力的作用，油品中所含的水和气体得到分离。分离器除了能阻止气体和水进入流量计影响其精度外。还能滤除进入流量计的杂质，以免流量表被磨损失灵。

目前国内已推广使用自动控制的方法灌桶。其中电子定量灌装是较成功的一种。这种方法是利用电子仪表和涡轮流量计对灌桶作业进行自动控制。电子定量灌油装置由涡轮流量变送器（称为一次仪表）和电子定量灌装设备（称为二次仪表）组成，统称“电子定量灌装仪”。其主要由灌装罐、手动闸阀、滤油器、涡轮流最变送器、稳压元件、二次表等构成。

利用流量表法进行容积法灌桶具有迅速轻便等优点，并且易于自动控制，目前已得到广泛的应用。

利用标准计量罐进行容量法计量时，常将两个计量罐并联使用。当一个计量罐向油桶灌油时，另一个计量罐收油，相互交替使用，由装油管、放油管和连接计量罐的管路相交点上安装四通转心阀来控制两个计量罐的交替操作。由于利用标准计量罐进行容积计量的方法灌桶速度慢，操作也不方便，现已逐渐被流量表所代替。

2）重量法灌桶设备。重量灌桶法灌装油品的重要设备是普通转心阀（直径一般为32mm）。为了防止转心阀严密性不好而停止灌桶时可能发生渗漏，常在转心阀上方的注油管上增设球形阀。此外，可以把一个灌油栓与几根平行的灌桶集油管相连，使几种油品共用同一灌油栓。但必须注意，有特殊质量要求的油品，如含铅汽油或高级润滑油等，必须设专用灌油栓。油桶上下磅秤，均在辊床上移动，以节省人力。

2. 油桶灌装方式和灌桶间

（1）油桶灌装方式

灌装油桶有自流灌装和泵送灌装两种方式。自流灌装利用油罐液面和灌油栓出口之间的高差所造成的压头来实现灌装油品。灌装速度取决于两者的位差。在有条件的地方应尽量利用自流灌装。也可专门建造高架油罐进行自流灌装，即先通过泵将油打入高架油罐，灌油时油品从高架油罐自流灌装。对于不能实现自流灌装的情况，采用泵送灌装，泵送灌装是利用油泵输送油品直接进行灌桶作业。

（2）灌油栓数的确定

$$n = \frac{K_1 Q}{qKT\rho} \tag{5-17}$$

式中 n——灌桶所用灌油栓数；

K_1——日灌桶不均匀系数；

Q——每日最大罐装量，t/d；

q——每个罐油栓每小时的计算生产率，m^3/h；

K——罐油栓的利用系数，一般取 $K=0.5$；

T——罐油栓每日工作时间，h；

ρ——罐装油品的密度，t/m^3。

（3）灌桶间的布置和要求

灌桶间的位置，应考虑隐蔽、交通运输方便等条件，一般布置在公路两旁并靠近铁路货物装卸站台，以便于汽车运输或有铁路转运。为了能自流灌桶，灌桶间一般设在较低之处，并靠近中继罐。

灌桶间的布置通常是空桶从一个方向进，重桶从另一方面出。灌油总管横穿桶间的中央，下面装设灌油拴，灌油栓的相互距离为 2m，灌油栓上的阀门装在高 1 ~1.5m 处以便操作。灌油总管横穿灌桶间中部时应离地 2m 以上，以不妨碍操作人员通过。

不同油品的灌油管分布在不同的区域并相互连通，平时用阀门相隔，各段灌油栓分灌不同油品。如遇业务变化需要，可打开中间的分段阀门，各段灌油栓可改灌其他油品。这样可增加灌油栓使用的灵活性。

用流量表进行容积计量灌桶时，在流量表后面管路上接软管和移运式手动灌油栓，工作人员可拿着移动式灌油栓从站台直接走上汽车对油桶灌油。

采用重量法时，磅秤应设在地槽中，磅秤面应与辊床面保持水平，以便于桶的推上和推下。

灌桶间一般采用素混凝土地坪，地面要具有坡度坡向集油沟及集油井，以便收集因灌油不慎而洒至地面的油品。灌桶间的宽度常取4～6m，高为3.3～3.5m，用流量表进行容积计量灌油时，油桶不进桶灌间，直接在靠近灌桶间站台的汽车上装油，此时灌桶间宽度可取3m左右，长度根据灌油栓数目决定，每个灌油栓之间的间距应不小于一辆汽车的宽度，以保证每个灌油栓都同时可以对一辆汽车上的油桶进行灌装。每装一个灌油栓所需的建筑面积约为$8m^2$。灌油间窗户照明面积与地坪面积之比应不小于1:6，灌桶间的门应不小于2m×2.1m。为了排除石油蒸气，灌桶间应装设自然或强制通风设备，每小时换气次数应不小于8～12次。灌装甲、乙类轻质油品的灌桶间，其耐火标准不得低于二级。其余油品的灌桶间，耐火标准可用三级。

3. 桶装油品仓库面积计算

$$F = \frac{Q}{n\gamma dK\alpha} \tag{5-18}$$

式中 F——桶装油品仓库面积；

Q——仓库储存的油品量，调节作用，取1～3天量；

n——堆放层数，甲类油品小于等于2层；

γ——所储油品容重，t/m^3；

d——油桶的直径，m；

K——油桶装桶系数；

α——面积利用系数。

第四节 油库泵房

一、油库泵房分类

油库泵房在油库中具有重要地位，根据油品的性质、运输方法、建筑形式和所承担的业务不同，可对泵房进行不同分类。

（1）按所承担的业务分类

按照泵房所承担的业务，可分为收发油泵房和输转泵房。收发油泵房担负收发油任务；输转泵房担负油库内油品的输转等任务。

（2）按输送油品的性质分类

因为汽油、煤油和柴油具有易燃、易爆、易产生静电、黏度小的特点，对泵房的建筑和泵房内的设备有着基本的共同要求，所以把它们放在一个泵房内，称为轻油泵房。诸如润滑油那样黏度大、可燃、但不爆炸的油品，对泵房的建筑防火要求比轻油泵房低，泵的类型也不同，故将这类放在一个泵房内，称其为黏油泵房。

（3）按油品的输送方式分类

按照油品的输送方式，可分为固定泵房、浮动泵房和移动泵房。从铁路油罐车来油的油库，一般多用固定泵房；从油船、油驳来油的内河和沿海油库，常用浮动泵房（要与岸上固定泵房配合）；对于野战油库或开设的临时补给点，常采用移动泵房。

（4）按泵房的建筑形式分类

按照泵房的建筑形式，固定泵房可分为地上、半地下及地下三种。由于军事上的防护和隐蔽要求，或者为保证油库泵工作时的正常吸入高度，军用油库常将泵房建成半地下或地下式，有条件的则建在洞库内。

尽管油库泵房有各种各样的名称，但其基本的功能却是相同的，都是输送油品。但是不同泵房有不同的特点。例如，成品油储备库的泵房，由于油品在库内储存时间长，周转系数小，故其作业特点是泵机组利用率低；矿场原油库外输泵房的作业特点是输送油品单一，但输油量大，停输时间限制很严（以防发生原油在管线中凝固的严重事故），泵机组必须长时期连续运转，因而这种泵房对泵机组的效率、可靠性及备用率等要求就比较高；部队的供应油库或商业系统的分配油库的泵房，其作业特点是输送油品的种类较多，周转也较为频繁，但每次的收发量却不一定很大，因而这种泵房机组应当考虑互为备用，并要求流程应当有一定的灵活性。只有从油库泵房的共性出发，再结合不同的特点，即考虑各种泵房的具体作业特点对于泵房流程、泵房设备和泵房建筑等的不同要求，便能对各种泵房的设计与管理作出比较合适的处理。

二、泵房的建筑要求和布置

1. 泵房位置

油库泵房位置的选择一般遵从如下原则：

① 应选择地质条件较好、地下水位低的地方，而且要避开洪水冲刷和地下水浸渍的地区。

② 固定泵房的位置一般均在油库中地势较低的地方，靠近铁路专用线，并在作业线的中间地段；从油船、油驳来油的内河和沿海油库，泵房应设在油船、油驳的停泊点。浮动泵房系建在趸船上，不受水位涨落的影响，能与油船保持一定的相对位置，对保证泵的吸入条件不破坏。

③ 为节约建库投资，在满足油库工艺要求的前提下，应尽量缩短输油管线长度。

④ 泵房应与机修间、锅炉房等有明火的设施保持一定的安全距离。

2. 泵房的建筑要求

（1）轻油泵房

1）油库轻油泵房的建筑结构应符合如下要求：

① 泵房的建筑面积主要根据设备数量、尺寸、管组布置等情况而定，在满足操作、维修、保养方便的前提下，设备和管线布置应尽量紧凑，少占面积，特别是地下泵房。泵房的静空高度应不小于3.5m。

② 必须用耐火材料(砖石、钢筋水泥等)建成单层建筑，地面须用不燃烧和受金属撞击时不产生火花的材料铺成。为了避免泵房受到泵的振动影响，泵机组的基础不应与泵房的基础连接。油泵基础多用混凝土浇注。

③ 油泵房应设外开门，当油气爆炸时起到减压作用和方便人员的撤离。建筑面积小于60m^2 的油泵房，可设一个外开门，大于60m^2 的油泵房，不应少于2个外开门，门的尺寸应满足设备最大部件的出入要求，最小不得小于1.2m×2.0m(宽×高)。

④ 泵房室内地坪应有坡向下水道1%的坡度，并在下水道出口处设隔油池。

2）油库轻油泵房防水、防爆应符合如下要求：

① 泵房地坪标高一般低于铁路作业线轨面。当泵房地坪低于地下水位时，要作防水处理。防水处理常采用两种作法：一是做排水沟，二是在泵房内做整体式防水层。排水是在泵房周围做排水沟，以便降低地下水位并导走雨水。

② 如果采用的电动机不是防爆电机的，必须用砖墙将电动机与泵房隔开。

③ 雷电较多的雷击区，视具体情况应在泵房周围设置必要的避雷针(网)，以防雷击。

3）油库轻油泵房通风、照明应符合如下要求：

① 泵房内必须有良好的通风设备，以便及时排出不断产生的油蒸气。输送含铅、含硫、闪点在45℃以下的轻油泵房，最好采用机械通风，以加大通风量，泵房的换气次数一般不少于10~15次/h，如有含硫油品时，换气次数需达25~30次/h。

② 要有足够的自然采光。窗户的采光面积与泵房地面面积之比不应小于1:6，窗台高度(相对室外地坪)应不大于0.9m。

③ 泵房照明采用防爆式的内部照明。

另外，在泵房的附属建筑物中，可以布置变电所(10kV以下)、配电设备、控制测量仪表室、工作人员休息间以及通风间，这些房间必须与泵房隔开。

(2) 黏油泵房

由于黏性油品的性质比较稳定，闪点高、挥发性小，因此，无严格的防水和防爆要求。其他和轻油泵房相同。

3. 泵机组和管组的布置

(1) 泵机组的布置

泵机组的布置应遵循便于操作和便于维修的原则。泵机组数目不多时，可沿墙单排布置，电动机端部至墙壁(柱)这一地带净距不宜小于1.5m。泵机组数目较多时，要能满足大泵间距大、小泵间距小的要求，可顺两面墙排成两列，中间留出不小于2m的通道，相邻泵机座之间的净距不应小于较大泵机组机底宽度的1.5倍。泵机组与墙之间的距离不得小于1m，离泵房门之间的距离不得小于1m。

(2) 管组的布置

管组的布置应在符合泵房的工艺流程的前提下，与泵房的总体布置相适应。

1) 当泵机组数较少时，管组可布置在泵房内；若泵机组数较多，管组应与泵机组用隔墙隔开，建成单独的管组间，并应有独立向外的出口。

2) 管线和管件之间及其与地面、墙壁之间有一定的安装、检修距离，其距离大小应考虑到维修时工具能自由活动，不妨碍工作。

3) 管组应有坡向放空罐的3‰～5‰的坡度，以保证管组放空。

(3) 真空泵及其辅助设备的布置

真空泵及其辅助设备(气水分离器、真空罐等)一般布置在泵房的一侧，应高于离心泵机组，以利于向泵房外排除冷却水，向放空罐及离心泵入口排净真空罐的油品。气水分离器一般布置在两台真空泵的中间。为方便操作，真空罐宜靠近泵房进口，一般靠墙排列，并使其位置尽量靠近放空罐，以缩短放空管路的长度。

三、油库泵房流程

油库中油品的收发、输转、倒罐、放空及油罐车、船舱和放空罐的底油清扫等，是依靠泵房内的泵机组和管路配合工作来完成的。因此油库泵房流程是油库工艺流程的一个重要组成部分。

油库泵房流程主要包括输油系统、真空系统及放空系统三个部分。

1. 输油系统

泵房工艺流程的设计应遵循以下原则：

1）满足油库主要业务要求，能快速、安全地完成油料收、发油任务。

2）操作方便、调度灵活。

① 同时装卸几种油品，不互相干扰；

② 泵互为备用，不致因某一台发生故障而影响作业，必要时还可以数台泵同时工作；

③ 管线互为备用，根据油品的性质，能把油品调度到备用管路中去，不致因某一条管路发生故障而影响操作；

④ 发生故障时，能迅速切断油路，并有充分的放空设备。

3）经济节约，能适应多种作业要求，能以少量设备去完成多种任务。

从经济节约方面来说，在泵房流程中应体现出一泵多用、一管多用的原则。从操作灵活、保证质量的观点出发，则要求专泵专用、专管专用。这个矛盾首先应该统一在满足油库的主要业务要求上。在这个前提下，根据具体情况，作出既符合经济节约原则，又满足灵活方便要求的泵房流程设计。

2. 真空系统

轻油泵房大多数采用离心泵。由于离心泵启动前需要预先灌泵，因此，在铁路油罐车卸油泵房一般都设置真空系统。真空系统由真空泵、真空罐、气水分离器（水箱）和管路系统组成。真空系统其作用是：

① 使离心泵和吸入管路充满所输油品；

② 抽吸油罐车底油；

③ 当夏季气温高时，可利用真空卸油造成虹吸。

油库泵房真空系统一般采用水环式真空泵以获得所需真空度。在真空泵的排出管线上串装一个气水分离器，以保证真空泵内形成水环和循环冷却，并留下真空泵排出废气中所夹带的水滴，将它们再送回真空泵去。为了保证真空泵的操作平稳可靠和防止油品进入真空泵，在真空泵的吸入管线上设置真空罐。真空系统的全部工作是通过真空罐来完成的。真空系统的所有真空管线都汇集在真空罐上。真空罐连通离心泵，是为了抽净泵和它的吸入管线中的空气，使它们充满油品，进行灌泵（工作时，真空泵首先将真空罐抽至一定真空度后，打开真空管线上的阀门，即可将离心泵和它的吸入管线中的空气抽入真空罐内，同时油罐车中的油品在大气压的作用下便进入离心泵和它的吸入系统）；连通鹤管与扫舱管是为了造成虹吸和抽吸底油；真空罐上接装的进气管，是为了放空真空罐时通大气用的。真空罐底部闸阀可使罐内的油品排放到放空罐或离心泵的吸入管中，使在卸油的同时将真空罐内油品输至储油罐中。

3. 放空系统

为防止用一根管线输送几种油品时出现混油现象，或防止输送含蜡和粘滞油而未采用伴热时出现凝结事故等，对轻油泵房和黏油泵房都应考虑设置放空系统。放空系统由放空罐和管路系统组成。

放空罐应设置在较低的位置，通常要埋入土中，以保证自流。若放空罐在地下水位以下，应视情况采取抗浮措施。罐的高度要尽量小，以便不埋入过深和便于输油时抽出油品，同时罐要能承受一定的土压力。一般放空罐都采用卧式罐。与放空罐连接的管线，应有一定坡向放空罐的坡度，并且伸入放空罐底，以利抽出油品和减少静电聚集。

放空罐的数量应根据转输油料品种确定，每一种牌号的油料至少有一个放空罐。罐的容积按需要放空的管路的容积决定，一般取为管路容积的 1.5 倍。

第六章 油品的运输方式

在生产消费活动中必定有物流、人流的移送，信息流的传输，而在存在上述移送的场所，物料输送设备是必不可少的。以往它被人们理解为可减轻和替代繁重体力劳动和付出汗水来移运重物的工作设备，是一种生产的辅助手段。但是随着现代科技和制造技术的发展和进步，为了寻求经济、合理的输送，规划系统的最优配置及管理，物料输送已由以往纯粹的搬运、装卸作业来达到移送的目的逐渐发展成为当今将物料的选择、识别、分类、包装、保管，以及将物流信息传输包括在内具有复合机能的物流系统的新观念。从与其相关的学科和技术来看已不仅是以机电技术为主，而涉及到材料、结构、机构等以外的控制技术、电子技术、计算机及信息工程等技术的综合应用，并与可靠性、环境、生物工程、安全、流体传输及海洋工程等学科紧密相关。

经济结构的变化带来物流时代的变化，装运技术的应用和发展也随之变化。在物流以前的时代，人力搬运、铁路和海运是装运货物的主体。

作为大宗物品的输送主要分为件货和散料的物流。

国家综合运输系统(网)由铁路、公路、水运、航空及管道等五种运输方式所组成。这些运输方式在技术经济上各具特点。

(1) 陆路运输

其运输量大；迅速；但需转运(二次、三次)，装卸费用较高。

(2) 铁路运输

它适用于远程的大宗货物及人流运输。属线性运输，因为受到铁路轨道控制。

(3) 公路运输

它适于人流及货物的各种运距的小批量运输。其特点是：机动、灵活，适应性强，直达，迅速；单车运量小；可实现库－库运输，减少中转费用，属于平面服务；既可承担直达运输，又可承担其他运输方式的转运任务。

(4) 水运

通航地区最廉价的运输方式。其特点是：利用天然水运资源，只需加以整治，即可使用；通过能力高、运量大，耗能省、运输成本低；但受自然因素制约较大。

(5) 航空运输

适于快速运送旅客及贵重紧急商品、货物。其特点是：速度最快；费用最高；舒适。

(6)管道运输

运送液体、气体和粉状货物的专用方式。其特点是：专业性强(专用)；连续性强，运输成本低、损耗少，安全性好。

在油品运输过程中，采用的方式主要有公路和铁路运输、水路运输和管道运输。

第一节　油品的铁路和公路运输

在我国，成品油料的运输目前仍以铁路运输为主。大部分内地炼油厂、石油化工厂和各类油库油料的进出厂几乎全由铁路运输来完成，一些沿海沿江(河)石化企业和油库的油料运输部分依靠水运，但仍有部分油料靠铁路运输。全国成品油料运输的60%～70%是由铁路完成的。铁路运输具有机动灵活、流向范围广、较安全可靠、受自然因素影响小等优点。但铁路运输与管道输送相比，存在着装卸环节多、油料损耗大、污染环境、双向占用铁路运力、运输效率低、成本高等缺点。公路运输虽然机动灵活，但运量小、运距长，一般仅作为石化企业、油库的辅助运输方式。

一、铁路装卸设施

油料的铁路运输，按照产品包装方式，可分为散装运输和整装运输。散装运输利用铁路油罐车输送，这种运输方式运量大，运载工具可反复使用，但运输过程是非密闭的，自然损耗大，产品易受污染，主要用于大宗油料的运输。整装运输则将油料装在桶、听等密闭容器中运输，这些容器直接参与贸易。这种运输方式主要用于小批量产品和质量要求高的产品。

油料铁路散装运输的装卸作业是在炼油厂、石油化工厂或油库的铁路专用线上进行的。用于装卸作业的主要设施有装(卸)油鹤管、泵及其管路系统、零位油罐和装卸油栈台等。

1. 铁路油罐车

铁路油罐车是散装油料铁路运输的专用车辆，绝大部分由铁路部门设计、制造、运营、检定、维修和统一管理。另有一小部分是企业自备车辆，这主要是指盛装特种物料如液体沥青、乙二醇、醋酸等的铁路罐车，这些罐车由使用企业自行购买、使用。铁路油罐车按运载油料类别可分为轻油罐车、黏油罐车等。

(1) 轻油罐车

主要用于装运汽油、柴油、煤油和其他不需加热的轻质油料及化工产品。罐车的设计压力正压为0.15MPa，负压为 -0.01MPa。该种罐车只能进行上部装卸，无下装卸口。

(2) 黏油罐车

用于装运原油、重质润滑油、燃料油等需要加热卸车的油料，其设计压力与轻油罐车相同。该罐车设有加热装置和下部卸料装置。加热装置有内部排管式和半圆筒形外部加热套两种形式。二者均以压力≤0.5MPa 的水蒸气为加热介质。下卸装置一般由安装在罐车底部正下方的中心排油阀、将油品引导到罐车两侧的三通短管、以及短管端部的侧排油阀和盖组成。

2. 装卸鹤管

装卸鹤管是铁路油罐车进行装卸油料作业的专用设备。它一端与汇油管（集油管）固定连接，另一端与铁路罐车上的装卸油管活动连接或直接由罐顶人孔插入罐车内。

鹤管按照其适用作业性质可分为装油和卸油以及同时适用于两种作业的装卸鹤管；按照鹤管口径大小可分为大鹤管（口径为*DN*200）和小鹤管（口径通常为*DN*100）两种；按照驱动方式鹤管可分为手动、气动、马达驱动和气缸活塞杆驱动等几种。下面介绍目前较为常用的鹤管形式。

（1）小鹤管

小鹤管即通常所说的鹤管，口径为*DN*100，适用于各种油料或液体化工产品的上部装卸作业。其结构大体上由固定立管、水平管、垂直管、旋转接头和力矩平衡装置组成。它有下述几种类型。

1）位移配重式轻油装卸鹤管。它利用配重平衡水平管的自重力矩，结构简单，操作方便可旋转360°，适用于两条铁路作业线中心距6～6.5m的双侧装卸栈台。其特点是延伸长度调节范围较小，仍有部分不平衡力矩存在。

2）压簧平衡式装卸鹤管。它利用压簧平衡器平衡水平管的自重力矩，结构轻巧，平衡性好，可作360°水平回转，鹤管对位调节范围大，适用于各种油料的顶部装卸作业。

3）气动密闭装车鹤管。这种鹤管用压缩空气作为操作动力，操作轻松灵活，装车时挥发性油气可通过气相管收集，减少对环境污染。鹤管配有气控系统，当鹤管插入槽车并用密闭盖盖紧后，头部主阀自动打开，开始装油；鹤管一旦离开槽车，主阀自动关闭，可杜绝跑油事故。输入气源压力为0.4～0.9MPa，适用于各种油料的装车，操作温度为－30～70℃。

4）气动带手动密闭式装车鹤管。这种鹤管用压缩空气作动力用气动马达和涡轮、涡杆机构来完成鹤管对位、垂直管升降等动作，操作方便，对位调节范围大，能实现液下装车。输入气源压力大于等于0.35MPa，适用于轻重油料的装车作业，适用温度范围为－50～80℃。

(2) 大鹤管

大鹤管是一种公称直径为 *DN*200 的上部装车鹤管。与小鹤管装车比较，大鹤管装车有如下特点：

1) 单车装车流量大，速度快，小鹤管的单车($50m^3$)装油时间为 25~30min，而大鹤管仅为 6~8min。

2) 鹤管数量少，装车栈台短。一般一种油料在一座装车栈台一侧只设一个鹤管。一座双侧装车栈台长度为 36m。小鹤管每个车位均要设一鹤管，栈台长度与车位多少成正比。

3) 便于集中控制。可实现装车作业的自动化，减轻劳动强度，节省劳动力，提高作业可靠性。

4) 罐车与鹤管对位利用“爬车”牵引装置移动列车进行粗对位，然后利用大鹤管本身行走机构进行微调。装车过程中列车逐个间歇移动，辅助作业时间长。

5) 铁路专用线比小鹤管装车栈台要长约一倍，铁路线投资大，占地面积大。

(3) 黏油下卸鹤管

黏油下卸鹤管是用于黏油罐车下卸作业的专用设备。鹤管直径为 *DN*100。新式下卸鹤管全部由钢管和滚珠轴承式旋转接头组成，采用压簧平衡，密封性能好，操作安全灵活，工作范围大，与罐车对接方便，采用氟橡胶密封，耐高温、抗老化；作业完毕后，鹤管可回复到收拢状态，鹤管内残余油料容易排空，避免了对环境的污染和资源的浪费。

3. 装卸栈台

装卸栈台是为了操作工人登上罐车、启闭罐车人孔盖、检尺计量、取样化验和操纵鹤管对位而设置的。按其使用的材料，装卸栈台可分为钢结构台和钢筋混凝土结构台两种；按鹤管形式可分为大鹤管台和小鹤管台；按其作业情况可分为单侧台和双侧台。单侧台的宽度不宜小于 1.5m，双侧台的宽度应为 2~3m。小鹤管装卸油台的台面应比铁路轨顶高 3.4~3.6m，装卸油台除两端应各设一座斜梯外，台子中间每隔 60m 左右应设安全梯（直梯)一个。大宗油料的小鹤管装卸油台在多雨或炎热地区应设棚，其他地区可不设棚。航空汽油、喷气燃料、润滑油等油料的小鹤管装卸油台也应设棚。小鹤管台台柱的间距与鹤管间距协调，一般为6m。大鹤管装油台的长度一般为3辆油罐车的总长(约为36m)。轨顶以上3.5m高的台面宽度宜为3.5~4m。大鹤管装油台应设棚，棚高视鹤管结构尺寸而定，棚应使雨水淋不到铁路罐车的灌油口。在多雨或多风沙地区，棚的两侧宜设挡雨(风)板。主台面的中央部位设操作室。

二、公路装卸设施

油料的公路运输也可分为散装运输和整装运输。汽油、柴油、液化石油气等大宗油料主要采用散装运输，各种润滑油、润滑脂等一般采用听装、桶装的整装运输。

1. 汽车罐车与装车鹤管

1）汽车罐车是散装油料公路运输的专用工具。汽车罐车的种类繁多，可用于装各种轻质油料、重质油料、液化石油气、液体沥青、各种化工产品和食品等，载重量为3~20t。根据所装油料压力不同，罐的形状有圆柱形和椭圆柱形。国产汽车罐车只有一个液舱，罐内设有两个带孔的挡板，把油罐分隔成三个可以相通的隔舱，以减轻油料在运输时的水力冲击。罐上装有量油口、人孔、呼吸阀、安全阀、排油阀等附件。装载重质油料的罐车设有保温层，有的还设有加热器。

2）装车鹤管汽车罐车的装车鹤管与铁路罐车的相似，就是公称直径一般为*DN*80或*DN*50。有手动操作也有气动操作，有敞口喷溅式，也有敞口浸没式或密闭浸没式等装车鹤管。它们的用途也与铁路罐车的装车鹤管类似。

2. 装油台

汽车罐车装油台是为了操作工人登上罐车启闭罐人孔盖、检尺、取样和操纵鹤管而设置的。装油台一般设有遮阳防雨棚。装油台根据装车车位的多少、场地的大小、自动化程度、装载的油料品种等因素来确定其型式，一般分通过式和旁靠式两种。

第二节　油品的水路运输

我国具有长达1.8万公里海岸线，并且具有良好的港湾和优越的建港条件。从北到南沿海已建成能停靠万吨级以上油轮的港口有大连鲇鱼湾、秦皇岛、山东黄岛、浙江乍浦、镇海算山、福建惠安、广州、湛江等十多处。我国的内河运输以长江、珠江、黑龙江和大运河的航线为主。其中，长江水系通航航线里程在8万公里以上，占全国内河通航航线里程的一半，万吨级油轮在洪水期从上海可直达武汉，枯水期也可直达南京。我国内河运输，大都是东西走向的横干线，而海上运输则是南北纵向，它把沿海各地和陆地上主要的东西走向的运输线连接起来，成为我国东部的一条纵向运输线。水上运输按其航行的区域，可划分为远洋运输、沿海运输和内河运输三种类型。水上运输与其他运输方式相比，其载运量大、能耗少、成本低。随着我国经济的高速发展，对油料的需求量有了很大提高。从1985年起，我国开始进口少量原油，1993年开始我国已是纯石油进口国，2005年进口量已达到约0.9×10^{8}t。这些进口油料主要从菲律宾、新加坡、印尼、科威特和沙特阿拉伯等国买进，全部由海上进口，因而促进了我国油料海运事业的发展。

一、港口和码头

港口由水域和陆域两部分组成。水域是供船舶进出、运输、锚泊和装卸作业使用的。陆域包括码头、泊位、道路、仓储区、装卸设施和辅助生产设施(包括给水排水和消防系统、输电及配电系统、办公、维修、生活用建筑物、工作船基地等)。

港口中供船舶停靠的水工建筑物叫码头。码头前沿线通常即为港口的生产线，也是港口水域和陆域的交界线。

码头上停靠船舶的位置叫泊位，也叫船位。一个泊位可供一艘船停泊，一座码头可同时停泊一艘或多艘船只，即一座码头可同时有一个或多个泊位。泊位的长度要与船型的长度相适应。在同一条线上的两个泊位间还要留出两船之间的距离，以便船舶系解缆绳，因此码头线长度是由泊位数和每个泊位所需长度决定的。

1. 码头的分类

按平面布置形状，码头可分为顺岸码头、近岸式浮码头、突堤码头、栈桥岛式码头、岛式码头等。顺岸码头是指与岸线平行的码头，一般利用地形沿岸线建筑，常用于河港。近岸式浮码头是由趸船、引桥、护岸等组成，其特点是船可随水位涨落升降，趸船与船舶间在任何水位下均可方便停泊，引桥与护岸采用绞接。这种码头多用于河港。码头伸入水面与岸线正交或斜交的称为突堤码头，常用于海港。栈桥岛式码头借助引桥将泊位引至深水处，由引桥、工作平台和靠船墩等组成。我国沿海的大中型油码头多为这种形式。孤立于水中的码头叫岛式码头。这种码头利用天然海上岛屿或在海上建造人工平台，码头的输油设备通过海底管道与岸上的储油设施相连。多点系泊码头和单点系泊码头也属于这类码头。这种码头能适应巨型油轮的装卸，码头离岸线距离较远。如果船只停泊不靠码头，而是抛锚，或者系在浮筒上停泊，则通称“锚泊”。锚泊的水域叫“锚地”。锚地可供等待泊位的船只临时停泊，也可以就在锚地上傍靠，另用船只转载油料，叫做“过驳”也叫“捣载”。内河驳船队的排队或解队也在锚地进行。

2. 单点系泊

在外海系泊大型和超级油轮，除修建孤立的岛式码头外，多数采用浮筒系泊。采用多个浮筒多条缆索系船的叫“多点系泊码头”。近年来更多的是在海上只设一个特殊的浮筒或塔架来系住船首，系船部分有转轴，油轮可随水流和风向的变化而改变方向，这种方式叫“单点系泊码头”，简称 SPM。单点的位置由油轮吃水和海域水深来决定。单点系泊的作业半径至少为最大油轮长度的 3 倍。在作业半径范围内不得有任何固定建筑物，如平台、浮标以及暗礁和沉船或其他潜在危险物。

常见的单点系泊形式有悬链泊腿系统和固定塔式系泊系统。前者应用广泛。目前全世界 80% 的单点系泊为该系统，其优点是可在比较大的水深范围内移位。其缺点是在台风季节漂浮软管和水浮标须排除和移走。固定塔式系泊系统的优点是其主要机械设备和关键部件位于水面以上，易于安装和维修，其缺点是系统弹性较差。

二、油船

油船是油料水上运输的主体。运油船为单甲板、尾机型，过去是单层底和设置纵舱壁，现在多为双层底、纵舱壁和双层壳的结构形式。

根据《1973 年国际防止船舶造成污染公约》，新造的载重量超过 20000t 级的原油油船或载重量超过 30000t 级的成品油船都要设专用压载舱，载重量 20000t 以上的油船还须设有惰性气体防爆系统；还对装油区的专用压载舱的保护面积做出规定，医油船的保护面积如果足够大，船壳破洞后装油舱可保持完整，不致引起泄漏。

油船上除货油舱外，还设有机舱、锅炉舱、油泵舱、专用压载水舱、隔离空舱、干货舱等。为满足操作安全和生活的需要，油船上有多种管系。一般有输油管系、货油泵舱管系、扫舱管系、蒸汽加热管系、专用压载水管系、灭火管系、通风管系等等。液化石油气(LPG)船与油船总体设计相似，呈尾机型，由于 LPG 很轻，货舱不能用作压载舱，所以船的干舷都很高。

LPG 船通常分为全压式、半压/半制冷式、半压/全制冷式和全制冷式 4 种。全压式 LPG 船的液货舱设计压力通常为 1.75MPa，总货舱容积在 3000m^3 以下，一般采用球型结构或圆柱型结构。其容量较小，钢材耗量、造价和营运成本都较高。半压/半制冷式 LPG 船液货舱的设计压力通常为 0.8MPa，最大容积可达 5000m^3，液货制冷到5℃装运，液货舱通常为卧式圆柱形。半压/全制冷式LPG船能装多种液货，适用范围广，这种船在卸货时能对LPG加热，在航行时能对LPG迅速制冷。液货舱的设计压力为0.8MPa，其温度可维持在-48℃(装乙烯的货舱可维持-105℃)。液货舱形状通常为圆柱形或球形，采用耐低温的碳钢或镍合金钢制作。

全制冷式LPG船液货舱的最大设计压力为0.025MPa，容积为10000~100000m^3。适应的最低营运温度为-48℃(运丙烷)或-104℃(运乙烯)。液货舱壁用玻璃纤维或聚氨酯泡沫塑料绝热。在液货舱与船壳间充有惰性气体。液货舱呈棱柱形。

第三节　油品的管道运输

管道运输是原油和成品油最主要的运输方式之一。

管道运输不同于车、船等其他运输方式：作为流体货物载体的管道本身静止不动，货物—流体在压力驱动下沿管道向前运行，形成了特有的优点：

① 运输量大；能耗少，运费低；

② 便于管理，易实现全面自动化，劳动生产率高；

③ 管道大部埋于地下，受地形地貌限制小，能够缩短运输距离(限制小、短距化、直线优化)；

④ 安全密闭，基本上不受恶劣气候的影响，能长期稳定安全运行。

当然，管道运输方式也有其自身的缺点：

① 只适于定点，量大的流体货物的单向运输；

② 不如车、船等运输方式灵活，运送货物种类多样；

③ 一次性投资较大，具有战略风险。

管道运输的发展与能源工业，特别是国民经济及石油工业的发展密切相关。现代管道运输始于19世纪中叶。真正具有现代规模的长距离输油管则始于第二次世界大战。战后随着石油工业的发展，管道建设进入了一个新阶段，从20世纪60年代开始，输油管向着大管径、长距离方向发展，与此同时，成品油管道也获得迅速发展，成品油管道多建成地区性的管网系统，沿途多处收油和分油，采用密闭和顺序输送方式输油。

随着我国海上油田和内陆新油田的开发，原油管道的建设进入了一个新的历史时期，海上管道和全国的成品油输送管网也逐步发展和形成。

有关输油管道方面的介绍详见下一章。

第七章　输油管道设计与管理

第一节　输油管道概况

一、输油管的分类和组成

1. 输油管道的分类

1）属于企业内部的管道。如油田的油气集输管道，炼厂、油库内部的输油管道等。

2）长距离输送原油、石油产品管道。长距离输油管道是一个独立的企业，有自己完整的组织机构，单独进行经济核算。长距离输油管道输送距离可达数百公里乃至数千公里；管径多数为200~1000mm，有的超过1m；输油量从每年数百万到几千万吨，甚至超过一亿吨。其起点和终点分别与其他石油企业相连。

2. 长距离输油管组成与各站作用

长距离输油管由输油站和线路两部分组成。

输油站包括首站，主要功能为收集、计量、输送，由罐区、泵房、计量系统组成；中间站(热泵站)，主要功能为给油品加压、加热；末站，主要功能为转运、计量。

首站即输油管起点输油站。其任务是收集原油或石油产品，经计量后向下一站输送。首站由油罐区、输油泵房和油品计量装置等组成。有的为了加热油品还设有加热系统。

输油泵从油罐汲取油品经加压(有的也经加热)、计量后输入干线管道。油品沿管道向前流动，压力不断下降，需要在沿途设置中间输油泵站(中间站)继续加压，将油品送到终点。为继续加热，则设置中间加热站。加热站与输油泵站设在一起合建的，称热泵站。

输油管终点称为末站，它可为属于长距离输油管的转运油库，也可是其他企业的附属油库。油品从此转输给用油单位或者改换运输方式(例如改为海运)。末站突出的任务是解决管道运输与用油单位或两种运输方式之间的输量不平衡问题，而给油品供给能量的任务则大大减轻。故末站也有较多的油罐及相应的计量、化验和转输设施。

二、管道运输的发展历史和发展趋势

1. 管道运输的发展历史

管道工业有着悠久的历史。中国是最早使用管道输送流体的国家。早在公元前的秦汉时代，在四川自贡就有人用打通了的竹子连接起来输送卤水，随后又用于输送天然气。现代管道始于19世纪中叶。1859年，美国宾夕法尼亚(Pensylvania)打出了第一口油井。但直到1865年才建造了第一条用于输送原油的管道。其直径为50mm，长为10km，输量为12.8m^3/h，用往复泵驱动。1879年，在美国的宾夕法尼亚铺设了一条口径为150mm，长为17.4km的输油管道。1886年，美国又铺设了一条口径为200mm，长为139km的输油管道。

真正具有现代规模的长输管道始于第二次世界大战。当时由于战争的需要，美国铺设了两条输油管道。一条是原油管道，口径为600mm长为2158km，输量为47700m^3/d(15000kt/a)；另一条为成品油管道，口径为500mm，包括支线全长为2745km，输量为3760m^3/d(13000kt/a)。

随着石油工业的发展，战后各产油国都铺设了不少长输管道。从20世纪60年代起，输油管道向大口径、长距离的方向发展，并出现许多跨国管线。比较著名的有：

① 前苏联的“友谊”输油管道；

② 美国的阿拉斯加原油管道；

③ 沙特的东-西原油管道；

④ 全美原油管道；

⑤ 美国的科洛尼尔成品油管道系统；

⑥ 科钦液化石油气(LPG)管道。

2. 长输管道的发展趋势

1)建设大口径、高压力的大型输油管道。从经济角度看，当其他条件基本相同时，大口径管道比小口径管道的输油成本低得多。目前，国外原油管道最大管径为1442mm。

采用高压力输送，可以提高一条管道的输油能力，从而降低输油成本。国外输油管道压力一般均在6. 0MPa以上。如阿拉斯加输油管道的操作压力为8. 2MPa。目前输油管道最大设计压力为10. 0MPa。

2）采用高强度、高韧性、可焊性良好的管材。

3）不断采用新技术。各种新技术的应用使管道工业技术不断革新，这些新技术包括：遥感和数据成像技术、地理信息系统(GIS)、地球卫星定位系统(GPS)和新的管道施工技术等。

4）高度自动化。采用计算机监控与数据采集(SCADA)系统对全线进行统一调度、监控和管理。管理水平较高的管道已经达到站场无人值守、全线集中控制的程度。

5）应用现代安全管理体系和安全技术，不断改进管道系统的安全。

三、我国输油管道发展概况

虽然中国是最早使用管道输送流体的国家，但是直到1958年，我国才修建了第一条长输油管道：克拉玛依－独山子原油管道。随着我国石油工业的发展，20世纪70年代开始兴建大型输油管道，主要是原油管道。到80年代末，我国铺设的百公里以上的原油长输管道20余条，管径为159～720mm，形成一定规模的原油管网。

20世纪90年代，随着西部油气田的开发，西北地区原油管道建设增长很快。新疆、青海、长庆等油田建设了多条外输原油管道，如由青海花土沟油田至格尔木炼油厂的花格线，该管道长

435.6km，管径273mm。

1985年起，我国开始进口少量原油，之后进口数量逐年增加。为缓解海运来的进口原油上岸后运输困难的问题，2004年以来先后修建了宁波－上海－南京的甬沪宁原油管道、南京－长岭的沿江原油管道。

成品油管道方面，国内发展比较缓慢。1977年建成的第一条长距离、小口径、顺序输送的成品油管道是格尔木－拉萨成品油管道，全长1080km，管径150mm，顺序输送汽油和柴油。20世纪90年代至今，先后建设了克拉玛依－乌鲁木齐、抚顺－鲅鱼圈、镇海－杭州、兰州－成都－重庆等成品油管道。兰成渝成品油管道于2002年9月建成投产，该管道从甘肃省兰州市经陕西、四川到重庆，干线全长1250km，管径有508、457、323三种口径，支线11条。兰成渝成品油管道是国内目前线路最长、管径最大、输量最高、运行工况最复杂、自动化控制水平最高的成品油管道，多项技术均处于国内领先，有些指标接近国际先进水平。目前正在建设中的大型成品油管道主要有：广西北海－贵阳－昆明的大西南成品油管道、乌鲁木齐－兰州的西部成品油管道等。近年内还将建设华北地区、长江三角洲、珠江三角洲地区、浙闽沿海及鲁苏皖等地区的成品油管道，构建成品油管网的骨架。中远期将逐步发展短距离管道，形成成品油管道网络。

到2003年底，我国油气管道总长为45866km；大陆地区的原油管道总长15915km，成品油管道6525km，海底管道2126km。未来20年，我国国民经济持续稳定的发展对石油和天然气的需求将不断增加。油气管道作为油气的主要的运输方式，将会进入一个大的发展时期。

第二节　等温输油管道

输送轻质成品油或轻质低凝点原油的长输管道，沿线不需要加热，油品从首站进入管道，在经过一定距离之后，管道内油温就会等于管道埋深处的地温，这样的管道称为等温输油管道。

长距离输油管道由输油站和管路两部分组成，一般长达数百公里，沿线设有输油首站、若干个中间站和末站。油品沿管道流动，需要消耗一定的能量(压力能和热能)，输油站的任务就是供给油流一定的能量，将油品保质、保量、安全经济地输送到终点。

一、输油泵站的工作特性

1. 离心输油泵的工作特性

泵站所供应的压力能由站上所装备的输油泵机组来完成。所以泵站的工作特性也就是运行泵机组的联合工作特性。单台泵机组的工作特性取决于泵的类型和规格以及驱动泵的原动机的类型。长输管道上最常用的泵机组为离心泵机组，下面以其为例分析其工作特性、影响工作特性的各种因素和离心泵机组的泵站特性。

(1) 固定转速离心泵的工作特性

在恒定转速下，泵的扬程与排量($H-Q$)的变化关系称为泵的工作特性。此外，泵的工作特性还须包括功率与排量($N-Q$)特性和效率与排量($\eta-Q$)特性。

固定转速的离心泵机组的特性方程 $H=f(Q)$，可以由实测的几组扬程、排量数据，用最小二乘法来回归，可近似表示为：

$$H = a - bQ^{2-m} \tag{7-1}$$

式中 H——离心泵扬程，m 液柱；

Q——离心泵排量，m^3/h；

a、b——常数；

m——管道流量－压降公式(列宾宗公式)中的指数。

(2) 调速泵的工作特性

通过调节离心泵的转速的方法，可以改变泵的工作特性，从而调节泵的排量和扬程。泵机组的调速措施有两类：第一是改变原动机的转速，如柴油机、燃气轮机都具有调速功能，电动机可以采用变频方法改变转速；第二是通过安装在原动机与离心泵之间的调速器改变泵的转速。根据离心泵的相似原理，转速变化后的泵特性为

$$H = a\left(\frac{n}{n_0}\right)^2 - b\left(\frac{n}{n_0}\right)^m Q^{2-m} \tag{7-2}$$

式中　n——调速后泵的转数，r/min；

n_0——调速前泵的转数，r/min；

a、b——对应 n_0 转速，泵特性方程中的两个常系数。

（3）叶轮直径变化后的泵特性

转速一定，采用不同直径的叶轮，可得到不同的泵特性。根据离心泵的切割定律，叶轮直径变化后的泵特性为

$$H = a\left(\frac{D}{D_0}\right)^2 - b\left(\frac{D}{D_0}\right)^m Q^{2-m} \tag{7-3}$$

式中　D_0、D——变化前后的叶轮直径，mm；

a、b——对应 D_0 叶轮直径，泵特性方程中的两个常系数。

但是，离心泵叶轮的切割量不能太大，否则切割定律失效，并且会使泵效率明显降低，因而规定叶轮的最大切割量。最大切割量与泵的比转数 n_s 有关，如表 7-1 所示。

表 7-1　离心泵叶轮的允许切割量

n_s	60	120	200	300	500
$\frac{D_0 - D}{D_0}$	0.20	0.15	0.11	0.09	0.07

2. 泵站的工作特性

输油泵站的工作任务就是不断地向管道输入一定量的油品，并给油流供应一定的压力能，维持管内油品的流动。泵站的工作特性就是指泵站的排量与扬程之间的相互关系。根据泵机组的组合方式，一般离心泵站的 $Q-H$ 特性也可用类似于描述泵特性的二次方程来描述：

$$H_c = A - BQ^{2-m} \tag{7-4}$$

式中　H_c——泵站扬程，m 液柱；

Q——泵站排量，m^3/s；

A、B——由离心泵特性及组合方式确定的常系数。

(1) 多台泵串联的泵站特性

根据离心泵串联组合的特点：通过每台泵的排量相同，均等于泵站排量；泵站扬程等于各泵扬程之和，不难写出泵站特性方程。若有 N_1 台泵串联，则有

$$H_c = \sum_{i=1}^{N_1} H_i = \sum_{i=1}^{N_1} a_i - \sum_{i=1}^{N_1} b_i \cdot Q^{2-m}$$

对照式(7－4)可知，泵站特性方程的常系数分别为每台泵对应系数的代数和，即

$$A = \sum_{i=1}^{N_1} a_i , B = \sum_{i=1}^{N_1} b_i \qquad (7-5)$$

特殊地，如果 N_s 台相同型号的泵串联工作，泵站特性方程的常系数为

$$A = N_s a , B = N_s b \qquad (7-6)$$

(2) 多台泵并联的泵特性

根据离心泵并联组合的特点：每台泵提供的扬程相同，均应等于泵站扬程，泵站的排量为每台泵的排量之和，则 N_p 台相同型号的离心泵并联时，泵站特性方程为

$$H_c = a - b\left(\frac{Q}{N_p}\right)^{2-m} \qquad (7-7)$$

对照式(7－4)可知，

$$A = a , B = b/ N_p^{2-m} \qquad (7-8)$$

(3) 多台泵串联、并联的泵站特性

输油站上的泵机组既串联又并联工作时，应先由各泵机组特性串联和并联相加得到泵站的特性曲线，然后在特性曲线上取点，回归出泵站特性方程。如图 7－1 所示的四台泵机组的组合方式，其泵站特性曲线可由单泵特性曲线串联相加后再并联得到，如图 7－2(a)所示。当然，也可以由单泵特性曲线并联后再

串联相加而得，如图7－2(b)所示。

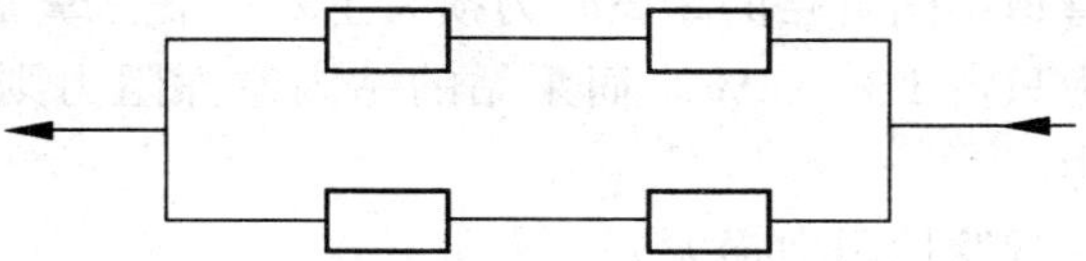

图7－1　离心泵的串、并联工作

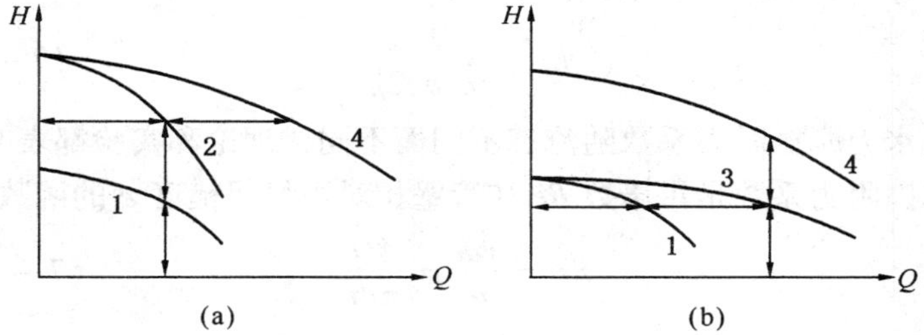

图7－2　泵站的特性曲线

泵站的排量等于输油管道的流量，泵站的出站压头等于油品在管内流动过程中克服摩擦阻力损失、位差和保持管道终点剩余压力所需要的能量。输油管道全线各泵站的能量供应之和必然等于全线管道的能量需求。因此，为保证完成输油任务，泵站的额定排量应大于或等于设计输量，泵站的扬程应满足管输要求。

二、输油管道的压能损失

油品管输过程中压力能的消耗主要包括两部分，一是用于克服地形高差所需的位能，对某一管道，这部分是不随输量变化的固定值；二是克服油品沿管路流动过程中的摩擦及撞击产生的能量损失转换成的液柱高度，通常称为摩擦阻力损失，单位为m液柱。

1. 摩擦阻力损失

对于长输管道，摩擦阻力损失包括两部分：一是油流通过直管段所产生的摩擦阻力损失 h_l，简称沿程摩擦阻力；二是油流通过各种阀件、管件所产生的摩擦阻力损失 h_{ξ}，简称局部摩擦阻力。长输管道站间管路的摩擦阻力损失主要是沿程摩擦阻力，局部摩擦阻力只占 1% ~2%。而泵站的站内摩擦阻力则主要是局部摩擦阻力。

（1）沿程摩擦阻力损失

1）达西公式。管路的沿程摩擦阻力损失 h_1，可按达西(Darcy-Weisbach)公式计算

$$h_1 = \lambda \frac{L}{d}\frac{v^2}{2g} \tag{7-9}$$

水力摩擦阻力系数随流态不同而不同，理论和实验都表明水力摩擦阻力系数是雷诺数 Re 和管壁相对当量粗糙度 ε 的函数。

$$Re = \frac{vd}{\nu} = \frac{4Q}{\pi d\nu} \tag{7-10}$$

式中 ν——油品的运动黏度，m^2/s；

Q——油品在管路中的体积流量，m^3/s。

$$\varepsilon = \frac{2e}{d} \tag{7-11}$$

式中 e——管壁的绝对当量粗糙度，m。

① 绝对当量粗糙度的确定。管壁的绝对当量粗糙度是指管内壁凸起高度的统计平均值。由于制管及焊接、安装过程中的各种原因，管内壁难免是凹凸不平的，其凸起的高低、型式及分布情况具有随机性质。目前，文献发表的粗糙度数值都是用水力学方法测得粗糙度的当量值。通过对各种管材、管径的管路摩擦阻力数据的整理、研究表明：新的、清洁的管壁的绝对当量粗糙度仅决定于管材及制管方法，与管径无关。使用后的管路则随运行情况，如所输流体性质、腐蚀程度、运行年限、清管方法等的不同而有显著变化。

《输油管道工程设计规范》GB 50253—2003 中所推荐的管壁绝对当量粗糙度 e 设计取值为：无缝钢管，$e=0.06$mm；直缝钢管，$e=0.054$mm；螺旋缝钢管，$DN250 \sim DN350$ 时，$e=0.125$mm，

$DN400$ 以上，$e=0.10\text{mm}$。

② 各流态区摩擦阻力系数的计算。在不同的流态区，水力摩擦阻力系数与雷诺数及管壁粗糙度的关系不同，国内目前常用的公式如表 7－2 所示。

表 7－2　不同流态的 λ 值

	流态	划分范围	$\lambda=f(Re,\ \varepsilon)$
	层流	$Re<2000$	$\lambda=\dfrac{64}{Re}$
紊流	水力光滑区	$3000<Re<Re_1=\dfrac{59.5}{\varepsilon^{8/7}}$	$\dfrac{1}{\sqrt{\lambda}}=1.81\lg Re-1.53$， $Re<10^5$ 时 $\lambda=0.3164\,Re^{-0.25}$
	混合摩擦区	$\dfrac{59.5}{\varepsilon^{8/7}}<Re<Re_2=\dfrac{665-765\lg\varepsilon}{\varepsilon}$	$\dfrac{1}{\sqrt{\lambda}}=-2\lg\left(\dfrac{e}{3.7d}+\dfrac{2.51}{Re\sqrt{\lambda}}\right)$ $\lambda=0.11\left(\dfrac{e}{d}+\dfrac{68}{Re}\right)^{0.25}$
	粗糙区	$Re>Re_2=\dfrac{665-765\lg\varepsilon}{\varepsilon}$	$\lambda=\dfrac{1}{(1.74-2\lg\varepsilon)^2}$

当 $Re<2000$ 时，流态为层流，液流的质点平行于管道中心轴线运动，水力摩擦阻力系数 λ 仅与雷诺数 Re 有关，$\lambda=f(Re)$。

流态由层流转变为紊流，是一种突变，但其发生突变时的雷诺数值会因各种影响流动的具体因素的不同而异。突变的雷诺数值一般在 2000 到 3000 之间。但对于热重油管路，也有在 $Re<2000$ 时已进入紊流的现象。在该范围内流动状态很不稳定，通常应尽量避免在该区域内工作。在该过渡区内，λ 值尚无成熟的计算公式，$2000<Re<3000$ 范围内可暂按紊流光滑区计算。

当雷诺数 $Re>3000$ 时，管内流态处于紊流。紊流区大致可以分为水力光滑区、混合摩擦区和完全粗糙区。

2）综合参数摩擦阻力计算公式。在使用达西公式计算沿程摩擦阻力时，因为 λ 与 Re 和 ε 有关，不便于分析各参数对摩擦阻力的影响。可以对达西公式中的各参数进行重新整理，得到便于使用的综合参数摩擦阻力计算公式——列宾宗公式。

上述各流态区 λ 的计算式可综合为

$$\lambda = \frac{A}{Re^m} \tag{7-12}$$

将式(7－12)及 $v=\dfrac{4Q}{\pi d^2}$，$Re=\dfrac{4Q}{\pi d\nu}$代入式(7－9)，可得

$$h_1 = \beta \frac{Q^{2-m}\cdot \nu^m}{d^{5-m}}\cdot L \tag{7-13}$$

其中

$$\beta = \frac{8A}{4^m \cdot \pi^{2-m} \cdot g}$$

各流态区的 A、m、β 值及沿程摩擦阻力计算式见表 7－3。

表 7－3　不同流态时的 A、m、β 值

流态		A	m	$\beta/(s^2/m)$	h/m 液柱
层流		64	1	$\frac{128}{\pi g}=4.15$	$h_1=4.15\frac{Q\nu}{d^4}L$
紊流	水力光滑区	0.3164	0.25	$\frac{8A}{4^m\pi^{2-m}g}=0.0246$	$h_1=0.0246\frac{Q^{1.75}\nu^{0.25}}{d^{4.75}}L$
	混合摩擦区	$10^{0.127\lg\frac{e}{d}-0.627}$	0.123	$\frac{8A}{4^m\pi^{2-m}g}=0.0802A$	$h_1=0.0802A\frac{Q^{1.877}\nu^{0.123}}{d^{4.877}}L$ $A=10^{0.127g\frac{e}{d}-0.627}$
	粗糙区	λ	0	$\frac{8\lambda}{\pi^2 g}=0.0826\lambda$	$h_1=0.0826\lambda\frac{Q^2}{d^5}L$ $\lambda=0.11\left(\frac{e}{d}\right)^{0.25}$

注：混合摩擦区推导 A 和 m 值时取 $Re_1=\dfrac{10d}{e}$，$Re_2=\dfrac{500d}{e}$。

以上各流态区的摩擦阻力计算式，反映了沿程摩擦阻力与流量 Q、黏度 ν、管内径 d、管长 L 间的相互关系。总的趋势是：随着流量、黏度和管长的增大或管径的减小，沿程摩擦阻力随之增大。但在各流态区，各参数的影响程度是不相同的。从层流到紊流光滑区、混合摩擦区以至粗糙区，式中的 m 值由 1、0.25、

0.123 变至0。因而由式(7－13)可得出，随着 Re 的增大，输量、管径对摩擦阻力的影响愈来愈大，而黏度对摩擦阻力的影响由大变小直到没有影响。管道长度对摩擦阻力的影响在各种流态时都相同。

热原油管道上最常见的流态是水力光滑区；轻油管道也多在水力光滑区；输送低黏油品的较小直径管道可能进入混合摩擦区；热重油管道多在层流区。

（2）局部摩擦阻力损失

1）液体流经管道系统中的管件、阀件或某些设备时，由于流道形状及流动状态的变化，会产生局部摩擦阻力损失。

$$h_{\xi} = \xi \frac{v^2}{2g} \tag{7-14}$$

式中 h_{ξ}——局部摩擦阻力；

ξ——管件或阀件的局部阻力系数；

v——流速，一般取阀件下游管内的平均流速。

管件或阀件的阻力系数由实验测定。紊流状态下各种管件或阀件的 ξ 值近似为常数。而层流时，局部阻力系数 ξ_C。随雷诺数而变化。因此，计算层流状态下的局部阻力系数 ξ_C 需按下式修正

$$\xi_C = \varphi \cdot \xi$$

阀门的阻力系数与阀门的开度有关。一般阀门的阻力系数（调节阀除外）是指全开条件下的测定值。φ 及各种管件、阀件的 ξ 值，可查阅有关文献。

流量计、加热炉、换热器等管路系统中的设备可视为局部阻力源。其摩擦阻力损失可查阅产品说明书，也可以直接查询生产厂家。

2）长输管道的站场（泵站、计量站、清管站或加热站等）相对于整个管道系统也可视为局部阻力。由于长输管道站场的阻力损失大多只占站间管道摩擦阻力的很小部分，在管道的工艺设计计算时，站场的局部阻力一般取为定值。

(3) 管道的压降计算

管内径 d 和管长 L 一定的某管道，当输送一定量的某油品时，由起点至终点的总压降 H 为

$$H = h_1 + \sum_{i=1}^{n} h_{mi} + (Z_Z - Z_Q) \qquad (7-15)$$

式中 $Z_Z - Z_Q$——管道终点与起点的高程差；

$\sum_{i=1}^{n} h_{mi}$——各站的站内摩擦阻力之和；

h_1 和 h_m 可按上述方法计算。

2. 管道的工作特性

管道的工作特性是指管径、管长一定的某管道，输送性质一定的某种油品时，管道压降 H 随流量 Q 变化的关系。可由如下其数学关系式表示：

$$H = \beta \frac{\nu^m L}{d^{5-m}} Q^{2-m} + \frac{8\xi}{\pi^2 d^4 g} Q^2 + (Z_Z - Z_Q) \qquad (7-16)$$

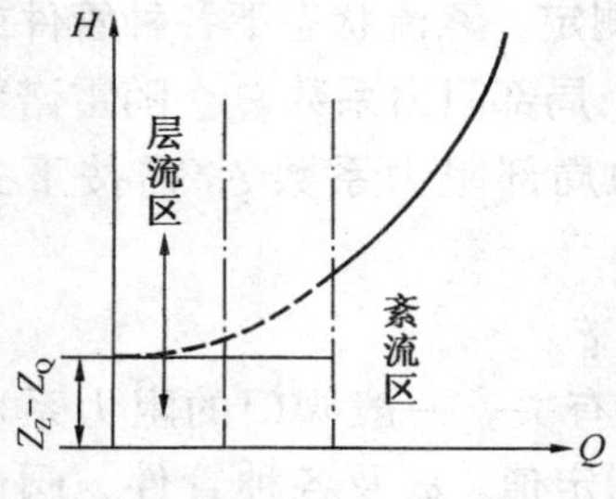

图 7－3 管道特性曲线

局部阻力总是占长距离管道摩擦阻力很少的一部分，所以上式的第二项可以忽略不计。式(7－16)可用图 7－3 的曲线表示，该曲线就称为管道的工作特性曲线。当高程差 $\Delta Z = 0$ 时，管道的特性曲线通过坐标原点。当 $\Delta Z \neq 0$ 时，纵截距即为 ΔZ 值。当 $\Delta Z < 0$，曲线由低于坐标原点 ΔZ 处开始。随着流态变化，各区管道特性曲线的曲率也相应变化。实际应用中一般只画出管道实际流量范围的一段曲线，应用它来定性分析管道摩擦阻力的变化情况较为直观、方便。也可用图解法确定泵与管道系统的工作点。一条管道(d、L、ΔZ)，输送一种油品(ν 一定)时，有一条一定的特性曲线。当 d、L、ΔZ 和 ν 中有一个参数发生变化时，就有另一条特性曲线。

3. 管道的水力坡降

（1）水力坡降

单位长度管道的摩擦阻力损失称为管道的水力坡降。

$$i = \frac{h_1}{L} = \beta \frac{Q^{2-m}\nu^m}{d^{5-m}} \tag{7-17}$$

水力坡降只随流量、黏度、管径和流态不同而不同，与管道长度无关。对于长距离输油管道，如果水力坡降 i 已知，全线的压头损失为

$$H = iL + \Delta Z \tag{7-18}$$

（2）副管段的水力坡降

假如主管的直径为 d，流量为 Q_1，副管的直径为 d_f，流量为 Q_2。该管段内主管和副管长度基本相等，压降一样，故该段内主管和副管的水力坡降也相同，即

$$i_f = \beta \frac{Q_1^{2-m}\nu^m}{d^{5-m}} = \beta \frac{Q_2^{2-m}\nu^m}{d_f^{5-m}}$$

副管段前后单根主管的水力坡降为

$$i = \beta \frac{Q^{2-m}\nu^m}{d^{5-m}}$$

式中　$Q = Q_1 + Q_2$。

若单根主管段与副管段的流态相同，由上述各式可解得，单根主管段与副管段的水力坡降间有下述关系

$$i_f = \frac{i}{\left[1 + \left(\frac{d_f}{d}\right)^{\frac{5-m}{2-m}}\right]^{2-m}} \tag{7-19}$$

（3）变径管的水力坡降

例如变径管的管径为 d_0，水力坡降为 i_0，该段内两管段的流量及油流黏度相等，则有

$$i_0 = \beta \frac{Q^{2-m}\nu^m}{d_0^{5-m}}$$

$$i = \beta \frac{Q^{2-m}\nu^m}{d^{5-m}}$$

若主管段与变径管段的流态相同，上两式的变径管的水力坡降与主管的水力坡降间的关系为

$$i_0 = i\left(\frac{d}{d_0}\right)^{5-m} \tag{7-20}$$

4. 泵站－管道系统的工作点

泵站和管道组成了一个统一的水力系统，管道所消耗的能量(包括终点所要求的剩余压力)等于泵站所提供的压力能，也就是二者必然会保持能量供求的平衡关系。管道的流量就等于泵站的排量，泵站的总扬程等于管道需要的总压能。泵站－管道系统的工作点是指在压力供需平衡条件下，管道流量与泵站进、出站压力等参数之间的关系。以全线仅有一座泵站的管道系统为例，如图 7－4 所示，曲线 C 为泵站出站压头随排量的变化关系，G 为管道特性曲线，忽略进站压头，二者的交点称为系统的工作点，即泵站的排量为 Q_A，出站压头为 H_A。

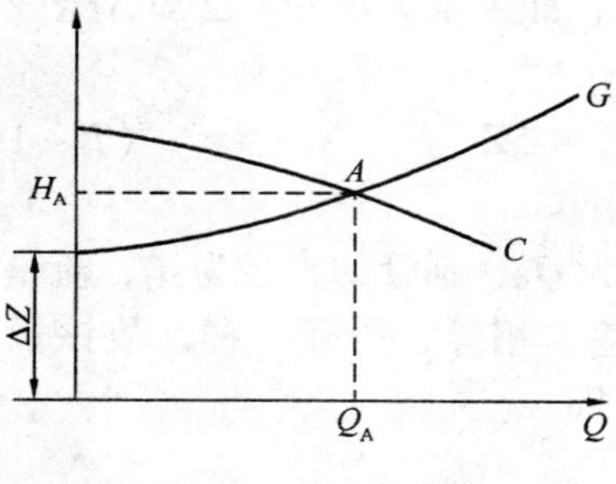

图 7－4　泵站与管道的工作点

泵站或管道中任何一方工作情况的变化都会破坏系统的能量平衡，而系统必将自动建立新的平衡关系，以适应这种变化。泵站或管道特性曲线的改变，使系统转入新的工作点处运行，改变了流量。若欲保持原来的流量，须采取调节措施，改变泵站或管道的工作特性曲线，恢复管道系统的输送能力。

当某长输管道上有几个泵站时，由这些泵站所给出的总扬程，应等于全线管道所需的压头，各泵站间的相互联系方式(输油方式)不同，泵站－管道系统的工作特点也就不同。下面介绍两种输油方式的泵站－管道系统的工作特性。

(1) 以“旁接油罐”方式工作的输油系统

“从罐到罐”的输油方式如图 7－5(a)所示，只在输油管道

建设初期使用。采用该方式，油品全部通过各中间站的油罐，蒸发损耗大，后来逐步发展为“旁接油罐”图7－5(b)。由上一站来的输油干管与下一站的吸入管道相连，同时在吸入管路上并联着与大气相通的旁接油罐。用这个旁接油罐调节两站间排量的差额，多进少出。各泵进口的压力均决定于本站旁接油罐的液面高度及油罐到泵的吸入管道的摩擦阻力。

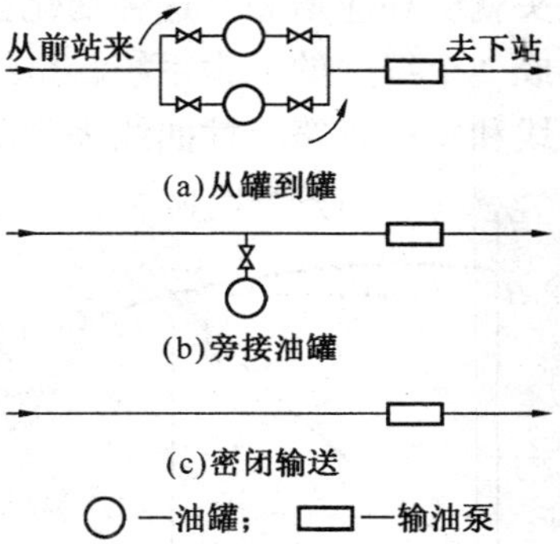

图7－5　三种输油方式

以“旁接油罐”方式工作的输油系统，由于旁接油罐的缓冲作用，有如下特点：

1）各泵站的排量在短时间内可能不相等；

2）各泵站的进出口压力在短时间内相互没有直接影响。由于旁接油罐的存在，将长输管道分成了若干个独立的水力系统，即每一个泵站与由其供应能量的站间管道构成一个水力系统。该泵站的工作特性曲线与这一站间管道特性曲线的交点即为这一系统的工作点。

(2) 以“密闭输送”方式工作的输油系统

输油管道以“密闭输送”方式输油时，上站来的输油干管直接与下站泵机组的吸入管相连，正常工作时，没有起调节作用的油罐，各站泵机组直接串联工作，因而又称为“从泵到泵”方式，如图7－5(c)所示。其特点是：

1）各站的输油量必然相等；

2）各站的进、出站压力相互直接影响。

若上一站所给出的压头大于站间管道所需要的压头，则剩余的压头就加在下一站泵机组的进口上，使其进站(口)压头上升，而泵机组出口压头为进口压头与泵机组扬程之和，下一站的出站压头就会相应增高。这种变化会一站影响一站地波及全线。全线形成一个统一的水力系统，全线的工况要由全线的总的泵站特性曲线和总的管路特性曲线来判断。

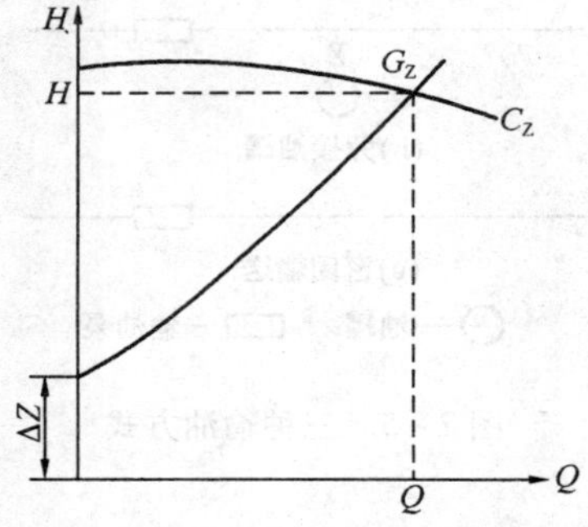

图 7－6 “密闭输送”管道的工作点

如图 7－6 所示，在同一坐标系上，将各泵站特性曲线串联叠加，得出总的泵站特性曲线 C_Z，并根据全线的流量与摩擦阻力损失的关系及起终点的位差 ΔZ 作出全线总的管道特性曲线 G_Z。总的泵站特性曲线 C_Z 与总的管道特性曲线 G_Z 的交点即为全线的工作点，其横坐标为全线的工作流量 Q，其纵坐标为沿线全部泵站所给出的压头总和 H。

（3）两种输油方式的比较

由于旁接罐的存在，“旁接油罐”流程允许各站间流量在短时间内不相同，为手动调节、操作输油管道创造了条件。因此，这种流程对管道自动化水平要求不高。但是，设旁接罐增加了投资，产生油品的蒸发损耗和对环境的污染，旁接罐内的油品占用流动资金，而且这种流程也不便于实现全线的自动化管理。而且，“旁接油罐”流程，各站间是一个独立的水力系统，输量波动时，各站间的输油能力不能协调，剩余压力不能被利用。

采用“密闭输送”方式的输油系统克服了旁接油罐带来的不利因素。这种流程全线是一个统一的水力系统，上站的剩余压力可以为下站所利用。当全线密闭的管道系统正常调节或出现故障，引起输油工况变化时，会在管内产生水击压力波沿管道向上、下游传播。如果这种压力波造成管道工作压力超过其允许值（高压或低压），就需要对管道系统采取相应的可靠的控制和保护措施，因此对自动化程度要求较高。这种输油方式，有利于全线的统一管理和控制。目前，长距离输油管道的离心泵站大都采用“密闭输送”方式。我国“输油管道工程设计规范”(GB 50253—2003)中规定，输油管道设计宜采用密闭输送工艺。当然，由于密闭输送时必须设有减少各输油站相互干扰和消除水击危害的措施，当不具备这些条件时也可采用其他工艺，但需要进行技术经济论证，说明其可行性。

(4) 计算求解工作点

泵站 - 管道系统的工作点，也可以根据压头供需平衡的原则，列出管道的压力供应特性方程和压力需求特性方程，使两者相等来求解。

假设某管道有 N 座泵站，且泵站特性相同，全线管径相同，没有分支管路，首站进站压头和各站内摩擦阻力均为常量，全线的压力供需平衡关系为

$$H_{s1} + N(A - BQ^{2-m}) = fLQ^{2-m} + (Z_Z - Z_Q) + Nh_m + H_{s2}$$

由上式可以求出管道的工作流量

$$Q = \left[\frac{H_{s1} + NA - (Z_Z - Z_Q) - Nh_m - H_{s2}}{NB + fL}\right]^{\frac{1}{2-m}} \quad (7-21)$$

式中 Q——全线工作流量，m^3/s；

N——全线泵站数；

f——单位流量的水力坡降，$(m^3/s)^{m-2}$；

H_{s1}——管道首站进站压头，m 液柱；

H_i——管道终点剩余压头，m 液柱；

L——管道总长度，m；

Z_Q、Z_Z——管道起、终点高程，m；

h_m——每个泵站的站内损失，m 液柱。

求出工作流量后，即可根据站间压力供需平衡的原则，确定各站的进出站压力。

而对于“旁接油罐”输油方式，应根据站间的情况，分别根据各泵站与站间管路的特性方程列出该站的能量供求平衡式，由此来确定各站间的工作点。

三、等温输油管道的工艺计算

输油管道的工艺计算要妥善解决沿线管内流体的能量消耗和能量供应这对主要矛盾，以达到安全、经济地完成输送任务的目的。管道工艺设计的主要目的是根据设计委托书或设计任务书规定的输送油品的性质、输量及线路情况，由工艺计算来确定管道的总体方案的主要参数：管径、泵站数及其位置等。

工艺计算是工艺设计的一部分。等温输送管道工艺计算的主要内容有：求解管路压能损失的水力计算，确定管道泵站适用的泵机组特性、所需泵站数，布置泵站并校核各站进、出站压力和沿线的压力分布是否满足要求，并为管道采用的控制和保护措施提供设计参数。提出调整、控制运行参数的措施。

等温输送管道的工艺计算要根据设计任务输量及初选的管径、泵机组特性等，确定以下问题：

1）管道工艺参数：出站压力、管路压能损失、所需输油站数；

2）布置泵站并确定输油站位置；

3）管道系统工况校核与调整：校核各站进、出站压力和沿线的压力分布是否满足要求，据此进行调整或采取必要措施解决。

4）对于密闭输送管道，还应进行瞬态水力分析，作为水击保护及控制的基础。

工艺设计计算需要一定的资料。在设计任务书或委托书中规定了设计输量、所输油品、线路走向等，有的资料需要设计人员搜集。以下是等温输油管道工艺计算所需的主要资料：

1. 设计参数

（1）计算温度

将管道埋深处全年平均地温作为计算温度。按此温度计算油品的物性参数，如黏度、密度等。

（2）油品密度

根据20℃时油品密度按式(7－22)换算成计算温度下的密度

$$\rho_t = \rho_{20} - \xi(t-20) \tag{7-22}$$

式中 ρ_t、ρ_{20}——温度为t℃及20℃时的油品密度，kg/m^3；

ξ——温度系数，$\xi = 1.825 - 0.001315\rho_{20}$，$kg/(m^3 \cdot ℃)$。

(3) 油品黏度

油品的运动黏度可按式(7－23)计算

$$\nu_t = \nu_0 e^{-u(t-t_0)} \tag{7-23}$$

式中 ν_t、ν_0——温度为t、t_0时油品的运动黏度，m^2/s；

u——黏温指数，1/℃。

(4) 计算流量

设计任务书中给定的任务输量为每年若干万吨，工艺计算中需用体积流量，故应按计算温度下油品的密度及年输油时间进行换算。考虑到管道维修及事故等因素，设计时年输油时间按350d(8400h)计算。

(5) 管道纵断面图

管道纵断面图就是在直角坐标上表示管道长度与沿线高程变化的图形。其横坐标表示管道的实际长度，常用的比例为1:10000～1:100000。纵坐标为线路的海拔高程，常用的比例为1:500～1:1000。实地测量所得的纵断面图是作泵站布置和管道施工图的重要依据。

(6) 管材及主要设备规格型号

包括管材等级、牌号、规格，泵和原动机的型号及性能等。

(7) 技术经济指标

主要包括基本建设投资指标和输油成本指标两大类。技术经济指标用于工艺方案的经济性比较。管道基本建设指标包括线路部分、泵站部分和配套工程三部分。输油成本主要包括大修理、材料、动力、燃料、工资、职工福利、损耗及其他费用。

2. 泵站数的确定及布站

为了将规定输量的油品从起点输送到终点，长距离输油管道消耗的压力常达几十兆帕。为了经济、安全地完成输送任务，需要在沿线设置若干个泵站来提供压力能。每个泵站所能提供的压头(以米液柱计算的扬程)取决于泵站的工作特性和排量。这个压头值应该充分利用管子的强度，并在泵机组高效率区的范围内。

(1) 计算所需泵站数 N

根据任务流量，在泵站工作特性曲线上可以得到每个泵站所能提供的扬程为 H_c。管路全线消耗的压力能为

$$H = iL + \Delta Z + H_{s2} \tag{7-24}$$

全线 N 个泵站提供的总扬程必然与消耗的总能量平衡，则

$$N(H_c - h_m) = iL + \Delta Z + H_{s2} \tag{7-25}$$

泵站数

$$N = \frac{H}{H_C - h_m} \tag{7-26}$$

式中 H_c——任务输量下泵站的扬程，m 液柱；

h_m——泵站站内损失，m 液柱；

H——任务输量下管道所需总压头，m 液柱；

H_{s2}——末站剩余压力，m 液柱。

显然计算出的 N 不一定是整数，只能取与之相近的整数作为该方案需建的泵站数。

(2) 泵站布置

泵站布置就是在纵断面图上根据水力条件初定站址。泵站数化整时，无论化大或化小都存在铺副管(或变径管)以改变管道摩擦阻力，保持任务流量不变和不铺副管改变流量两种方案。两者在泵站布置方法上也有所不同，下面以不铺副管的管道为例说明布置泵站的基本方法。

步骤如下：

1）按选定的比例作管道纵断面图。

2）根据全线泵站的总特性及全线管道总特性，用解析法或图解法确定工作点流量 Q 和各泵站的扬程 H_c。

长距离输油管道沿线的局部摩擦阻力损失不大，一般只占沿程摩擦阻力损失的1%左右。计算总摩擦阻力损失时，将沿程水头损失乘以1.01即可。按此参数作管道特性曲线。布置泵站用的水力坡降 i，也可由沿程水力坡降乘1.01。

泵站站内的摩擦阻力损失约10～20m液柱。一般不计入管道摩擦阻力内，而是将各泵站的工作特性曲线的纵坐标减去站内摩擦阻力损失值。因此，上述用图解法求得的 H_c 中应减去站内摩擦阻力损失 h_m。

3）从纵断面图的起点 A，即起点泵站处往上作垂线，按照纵坐标(高程)的比例，在垂线上截取长度等于泵站出站压头的段落 AO，如图7－7所示。即

$$AO = H_{d1} = H_{s1} + H_c - h_m$$

4)从 O 点作水力坡降线。水力坡降线与纵断面线之间的垂直距离就是管中油流的动水压力。水力坡降线与纵断面线的交点 B 处表示油流到达 B 点时，压力能已全部消耗完了，要继续向前输送，就必须在点或点 B 以前设第二个泵站。

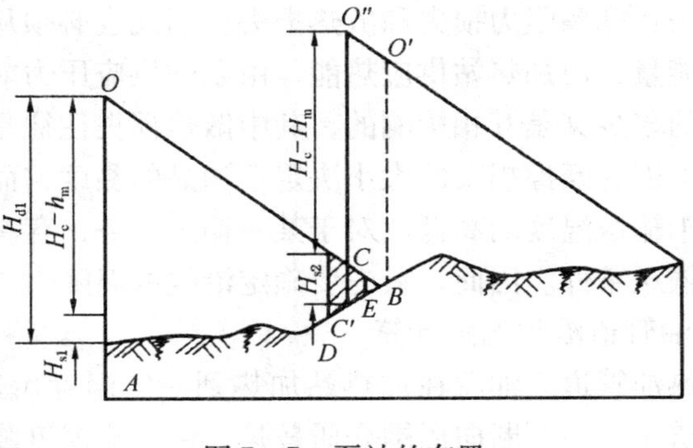

图7－7　泵站的布置

第三节　加热输送管道的工艺计算

一、热油管道的温降计算

1. 加热输送的特点

对于易凝、高黏的油品，当其凝点高于管道周围环境温度，或在环境温度下油流黏度很高时，不能直接采用如前所述的等温输送方法。过高的黏度会使管道的压降剧增，往往在工程上难以实现或不经济、不安全，因而必须采用降凝、降黏等措施。加热输送是目前最常用的方法。加热输送提高了输送温度使油品黏度降低，减少摩擦阻力损失，降低管输压力，或使管内最低的油温维持在凝点以上，保证了安全输送。

热油管输过程中，油温远高于管道周围的环境温度，在径向温差的推动下，油流所携带的热量将不断地往管外散失，因而使油流在沿管道向前输送过程中不断地降温，引起了轴向温降。轴向温降使油流的黏度在前进过程中不断上升，单位管长的摩擦阻力逐渐增大。当油温降低到接近凝点时，单位管长的摩擦阻力将急剧升高。

与等温输送不同的是，热油输送在输送过程中存在着两方面的能量损失：摩擦阻力损失和散热损失。因此也必须从两方面给油流供应能量，由加热站供应热能，由泵站供应压力能。这两种能量损失的多少又是互相影响的，其中散热损失往往是起决定作用的因素。因为摩擦损失的大小决定于油品的黏度，而黏度的大小则决定于输送温度的高低。对于某一输送任务，存在着能耗最小的最优输送条件。因此，首先要确定沿线的温降。

2. 热油管道沿程温降计算

对于热油管道，油流在加热站加热到一定温度后进入管道。油流沿管道流动中不断向周围介质散热，使油流温度降低。散热量及沿线油温分布取决于很多因素，如输油量、加热温度、环境条件、管道散热条件等。严格意义上，这些因素是随时间变化的，所以热油管道经常处于热力不稳定状态。但工程上将正常运行工况近似为热力、水力稳定状况，在此前提下进行轴向温降计算。设计阶段根据稳态计算结果确定加热站、泵站的数目和位置，即设计加热输送管道是以稳态热力、水力计算为基础的。

(1) 轴向温降计算式与沿程温度分布

1) 轴向温降计算式。设管长 L 的段内总传热系数 K 为常数，忽略水力坡降 i 沿管长的变化，经过数学推导，可得列宾宗沿程温降计算式

$$\ln \frac{T_R - T_0 - b}{T_L - T_0 - b} = aL \tag{7-27}$$

$$\frac{T_R - T_0 - b}{T_L - T_0 - b} = \exp(aL) \tag{7-28}$$

式中 G——油品的质量流量，kg/s；

c——输油平均温度下油品的比热容，J/(kg · ℃)；

D——管道外直径，m；

L——管道加热输送的长度，m；

K——管道总传热系数，W/m^2 · ℃；

T_R——管道起点油温，℃；

T_L——距起点 L 处油温，℃；

T_0——周围介质温度，其中，埋地管道取管中心埋深处自然地温，℃；

i——油流水力坡降；

g——重力加速度，m/s^2；

a，b——参数，$a=\frac{K\pi D}{Gc}$，$b=\frac{giG}{K\pi D}$，其中 g 为重力加速度，m/s^2。

若加热站出站油温 T_R 为定值，则管道沿程的温度分布可用式(7-29)表示：

$$T_L = (T_0 + b) + [T_R - (T_0 + b)]e^{-aL} \tag{7-29}$$

对于距离不长、管径小、流速较低、温降较大的管道，摩擦热对沿程温降影响不大的情况下，或概略计算温降时，可以忽略摩擦热的作用。令 $b=0$，代入式(7－27)，得到苏霍夫公式

$$\ln\frac{T_R - T_0}{T_L - T_0} = aL \qquad (7-30)$$

$$T_L = T_0 + (T_R - T_0)e^{-aL} \qquad (7-31)$$

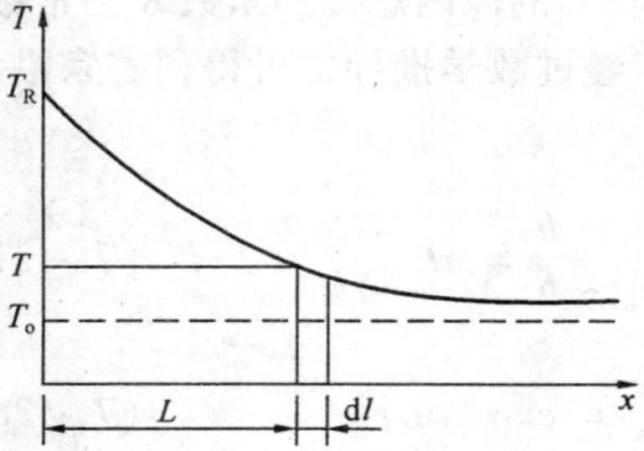

图 7－8　热油管道的温降曲线

2）加热输送管道的沿程温降及影响因素。由式(7－31)可以得出加热输送管道的沿程温度分布曲线，如图7－8所示。由图 7－8 不难看出，在两个加热站之间的管道沿线，各处的温度梯度是不同的：在站的出口处油温高，油流与周围介质的温差大，温降就快；而在进站前的管段上，由于油温低温降就慢。加热温度愈高，散热愈多，温降就快。

在各个参数中，对温降影响较大的是总传热系数 K 和流量 G。K 值增大时，温降将显著加快，因此在热力计算时，要慎重地确定 K 值。此外，在不同的季节，管道埋深处的土壤温度 T_0 不同，温降情况也不同。冬季 T_0 低时，温降就快。

(2) 温度参数的确定

确定加热站的进、出站温度时，需要考虑三方面的因素。首先是油品的黏温特性和其他物理性质；其次是管道的停输时间，热胀和温度应力等安全因素；第三是经济比较，使总的能耗费用达到最低。

考虑到原油和重油都难免含水，故其加热温度(加热站出站温度)一般不超过100℃。若原油为加热后进泵，则其加热温度不应高于初馏点，以免影响泵的吸入。此外，在确定加热温度时，还必须考虑油品的黏度－温度关系，由于运行和安装温度的

温差使管道遭受的温度应力是否在强度允许范围内，以及防腐层和保温层的耐热能力是否适应等安全因素。

加热站进站油温主要取决于经济比较与运行安全的需要，对凝点较高的含蜡原油，由于在凝点附近时黏温曲线很陡，故其经济进站温度常略高于凝点。当进站油温接近凝点时，必须考虑管道可能停输后的温降情况及其再启动措施，要规定适当的安全停输时间。

对于架空管道，管道周围介质温度 T_0 就是周围大气的温度。对于埋地管道，T_0 则取管道埋深处的土壤自然温度。T_0 是随地区、季节变化的，各加热站间可能不同。

（3）温降计算公式的应用

1）当 K、G、D、T_0 及加热站进、出口油温 T_R 和 T_Z 已选定时，确定加热站的间距 l_R；

2）在加热站间距 l_R 已定的情况下，当 K、G、D 及 T_0 一定时，确定为保持要求的终点温度 T_Z 所必须的加热站出口温度 T_R；

3）当 K、D 及 T_0 一定时，在加热站间距 l_R、加热站允许的最高出站油温 $T_{R\max}$ 和允许的最低进站温度 $T_{Z\min}$ 已定的情况下，确定热油管道的允许最小输量 $G_{\min}$

$$G_{\min} = \frac{K\pi D l_R}{c\ln\dfrac{T_{R\max} - T_0}{T_{Z\min} - T_0}} \tag{7-32}$$

式中 $T_{R\max}$——出站油温的允许最高值，℃；

$T_{Z\min}$——进站油温的允许最低值，℃。

4）运行时反算实际的总传热系数 K，以判断管道的散热及结蜡情况。

$$K = \frac{Gc}{\pi D l_n}\ln\frac{T_R - T_0}{T_Z - T_0} \tag{7-33}$$

须强调指出的是，上述核算只适用于输量及油温都稳定的情况下，因为式(7-27)及式(7-30)是由稳定传热的热平衡关系导出的，并认为总传热系数 K 是常数，不随其他参数变化。

二、热油管道的摩擦阻力计算

1. 热油管道摩擦阻力计算的特点

与等温输送管道不同，热油管道的摩擦阻力计算存在以下特点：

1）热油管道沿线水力坡降不是定值，因为热油在沿管道流动过程中，温度不断降低，黏度不断增大，水力坡降也就不断增大。故热油管道的水力坡降线不是直线，而是一条斜率不断增大的曲线。所以，计算热油管道的摩擦阻力时，必须考虑管道沿线的温降情况及油品的黏温特性。

2）热油管道的摩擦阻力损失应按一个加热站间距来计算，因为在加热站进出口处油温发生突变，黏度也发生了突变。因此只是在一个加热站间的距离内，黏度才是连续变化的，可用黏度随距离变化的理论公式，或分段取黏度的平均值的方法来计算一个加热站间的摩擦阻力。若一个加热站间距的摩擦阻力损失为 h_{Ri}，全线共有 n 个加热站，则全线的摩擦阻力损失 h 为各加热站间摩擦阻力的总和，即

$$h = \sum_{i=1}^{i=n} h_{\mathrm{Ri}}$$

2. 计算热油管道摩擦阻力的方法

热油管道摩擦阻力计算有两种方法：一种是按平均油温的黏度作计算黏度，按此黏度计算摩擦阻力；第二种是根据黏温关系式，计入黏度随温度的变化。在此主要介绍第一种方法，即平均油温计算法。

这种方法是按管道起终点的平均温度下的油流黏度，用等温输送的方法计算一个加热站间的摩擦阻力，是我国工程上目前常用的简化方法。具体步骤为：

1）计算加热站间油流的平均温度 T_{Pj}；

2）由黏温曲线查出温度为 T_{Pj}时的油流黏度 ν_{Pj}；

3）一个加热站间的摩擦阻力 h_R 为

$$h_R = \beta \frac{Q^{2-m}\nu_{Pj}^m}{D_1^{5-m}} l_R$$

平均油温可按下式确定

$$T_{Pj} = 1/3T_R + 2/3T_Z \quad (7-33)$$

式中　T_R、T_Z——加热站间起、终点油温，℃。

三、确定和布置加热站、泵站

热油管道工艺设计过程是首先进行热力计算，得出全线所需加热站数。然后按加热站间管道进行水力计算，根据全线所需压头计算所需泵站数。在线路纵断面图上布置加热站、泵站并进行调整，根据布站结果再核算热力与水力工况。

1. 确定加热站数及其热负荷

加热站间距 l_R 可由下式估算。由式(7－27)可得

$$l_R = \frac{Gc}{K\pi D}\ln\frac{T_R - T_0 - b}{T_L - T_0 - b} \quad (7-35)$$

加热站站数 n_R 按式(7－36)计算并化整

$$n_R = \frac{L}{l_R} \quad (7-36)$$

式中　L——管路总长，m；

l_R——初步计算的加热站间距，m。

这只是初步估算，实际上各站间的 K 值不完全相同。为了便于生产管理，加热站与泵站应尽可能合并布置。因此在布置泵站时，加热站的位置要互相调整。在加热站的位置最终确定以后，可按站间实长及具体的 K 值，重新计算各站的进、出站温度。

加热站的有效热负荷 q 可根据所要求的进、出站温度 T_Z 及 T_R 计算：

$$q = Gc(T_R - T_Z) \quad (7-37)$$

式中　q——加热炉有效热负荷，kW；

G——油流质量流量，kg/s；

c——平均油温下的油品比热容，kJ/kg·℃。

2. 确定泵站数、布站

初步确定加热站之后进行站间水力计算。计算加热站间管道摩擦阻力及全线所需压头，根据每个泵站所提供的压头，确定全线所需泵站数。若按平均油温法计算摩擦阻力，水力坡降视为定值，则布置泵站的方法与等温管相同。

若沿线油流黏度变化大，站间水力坡降线是曲线，其泵站布置不同于等温管道。其特点是：

1）加热站间管道的水力坡降线是一条斜率不断增大的曲线。可根据各段油温对应的摩擦阻力值在纵断面图上按比例画出，连成曲线。

2）在加热站处，由于进、出站油温突变，水力坡降线的斜率也会突变，而在加热站之间，水力坡降线斜率逐渐变化，如图 7－9 所示。

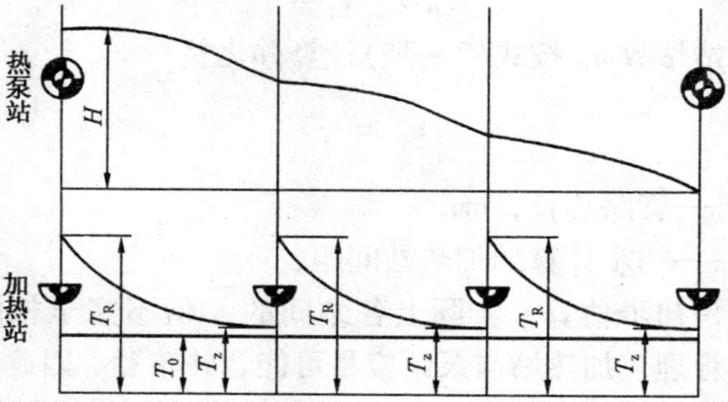

图 7－9　热油管道的泵站及加热站布置

初步布站后，应调整加热站、泵站位置，尽可能合并设置，以节省投资和方便管理。在纵断面图上初定站址后，经过现场勘察，最后确定站址。站址调整后，应进行热力、水力核算，计算不同季节的进出站油温、进出站压力、允许的最小输量、加热站热负荷等。

第四节　易凝高黏原油输送工艺

从管道输送的角度，按照流动特性分类，大致可以把原油分为轻质低凝低黏原油、易凝原油以及高黏重质原油。易凝原油是含蜡量较高的原油，常称“含蜡原油”；高黏重质原油就是密度较大、胶质沥青质含量较高的原油，常称“稠油”。这两种原油又统称为易凝高黏原油，它们在常温下的流动性较差，常需要采用加热或添加化学剂等方法改善其流动性才能在管道中输送。此外，含蜡原油在常温（10～30℃）下往往为非牛顿流体，具有很多与牛顿流体不一样的流动特性，传统《流体力学》中基于牛顿流体得到的水力计算公式已不再适用，需要新的计算方法。正确掌握易凝高黏原油的流动特性，对于原油输送管道的科学设计和安全、经济运行都是必不可少的。与世界上多数产油国不同，我国所生产的原油大多为易凝高黏原油。自20世纪50年代以来，易凝高黏原油安全、经济输送的理论和技术一直是我国油气储运科技进步的重点方向之一。

例如，国内的大庆原油、中原原油即为典型的高含蜡原油，而辽河油田高升原油、胜利油田单家寺原油、渤海油田埕北原油则属稠油。需要指出的是，同一油田不同区块、以及同一区块开采时间不同，原油物性都可能有所变化。

为了改善易凝高黏原油的流动性（黏度、凝点等），需要付出一定的经济代价。同时，原油的高凝点、高黏度，也会给管道的安全运行造成隐患，所以也需要采取相应的安全保障措施。

升高温度可以降低含蜡原油和稠油的黏度，故加热输送就成为最常见的易凝高黏原油管道输送工艺。虽然多年的实践表明，加热输送是行之有效的。但是，它也存在若干固有的缺陷：输送能耗高；加热站的设置增加了管道建设的投资和运行管理的难度及费用；由于含蜡原油凝点较高、稠油在较低温度时的黏度很大，热油管道若停输时间较长，可因管内原油冷却胶凝而导致凝管事故；加热输送管道存在最低允许输量，允许的输量变动范围窄，难以适应油田开发初期和末期低输量运行的需要。此外，黏度随温度变化较大的原油的加热输送管道，低输量运行时还可能进入不稳定工作区，使管道处于不安全的运行状态。为了使易凝高黏原油管道安全、经济地运行，可以从设计、运行管理多方面采取措施。采用合适的降凝减阻输送工艺是重要的措施。

一、含蜡原油的热处理输送

1. 含蜡原油的热处理

含蜡原油的热处理，是将原油加热到一定温度，使原油中的石蜡、胶质和沥青质溶解，分散在原油中，再以一定的温降速率和方式(动冷或静冷)冷却，以改变析出的蜡晶形态和强度，改善原油的低温流动性。利用原油热处理实现含蜡原油的常温输送或延长输送距离，称为热处理输送。

(1) 含蜡原油的热处理效果

在含蜡原油热处理的试验研究方面，我国从20世纪50年代以来已做了大量工作，掌握了一定的规律。表7-4所示为我国几种较典型的原油的室内热处理试验数据(其中除克拉玛依的数据取自新疆石油管理局的报告外，其余均为石油大学(华东)所测，冷却方式均为静冷，冷却速度0.5~1℃/min)，一般均取凝点、屈服值和表观黏度作为衡量热处理效果的指标。

表7-4 我国各油田原油的热处理效果

参数		油样					
		克拉玛依	濮阳	胜利	大庆	任丘	魏岗
组成及物性	相对密度 d_4^{20}	0.8752	0.8628	0.9005	0.8601	0.8837	0.8644
	凝点/℃	6.5	34	33.3	32	38.7	46
	含蜡/%	6.45	17.58	12.9	25.58	17.9	36.29
	含胶/%	9.6	16.69	22.88	17.64	24.23	18.03
	含沥青/%	0.5	0.71	2.95	0.12	2.78	7.29
	蜡胶比	0.6719	1.053	0.5638	1.450	0.7388	2.013

续表

参数		油样					
		克拉玛依	濮阳	胜利	大庆	任丘	魏岗
最优热处理温度/℃		65	90	105	60	100	120
最差热处理温度/℃		50	50	50	50	60	70
最优和最差处理对比	凝点下降值/%	16	9.0	14	8	8.5	4.1
	屈服值下降/%		75.6 (23℃)	98 (20℃)	98 (24℃)	94.8 (30℃)	96.9 (42℃)
	表观黏度下降/% ($Dr=40.5s^{-1}$)		54.8 (35℃)	48.4 (35℃)	90.8 (32℃)	77.5 (40℃)	73 (46℃)
	反常点的下降		38℃→ 33℃	42℃→ 30℃	43℃→ 32℃	50℃→ 40℃	53℃→ 48℃

从表中可见：

① 每种原油都有一个最优的热处理温度和一个最差的热处理温度。在最优热处理温度下，含蜡原油的凝点、表观黏度及静屈服值均大幅度下降。

② 各种原油最优与最差热处理对比中，蜡胶比大的原油，其凝点下降幅度较小。

③ 不同热处理温度对静屈服值的影响最大，最优处理时静屈服值多下降90%以上。

④ 最优热处理时反常点下降，使原油在较低温度范围仍为牛顿流型，原油显现触变性的温度也降低了。

（2）热处理效果的复现性和恢复性

热处理效果的复现性和恢复性是热处理输送方法能否用于输油生产的重要依据，从我国各主要油田原油的热处理试验来看，在最优热处理温度下，不同时期多次试验的结果相近，试验的复现性是好的。原油热处理效果的稳定性对管输应用十分重要。若某种原油热处理后虽然低温流动性大幅度改善，但很快即变差或失效，就难以实际应用。

2. 影响热处理效果的因素

（1）原油的组成

含蜡原油不同，其热处理效果就不同，根本原因在于原油的组成各异。国内外试验研究表明，在一定蜡胶比范围内可获得较好的热处理效果。若胶质沥青质过少或过多，热处理效果较差。有的资料提出较适宜的蜡胶比为0.5～1.70。

（2）热处理条件

1）热处理温度。各种外界条件的作用是相互联系的，但其中起主要作用的是加热温度。每种原油的最佳热处理温度不同。在此温度下，原油中石蜡大部分溶解，胶质沥青质全部分散在液相中，使冷却过程中石蜡重结晶能形成最弱的结构。由于各种原油的蜡分布不同、溶点不同，故最佳热处理温度也不同。

2）冷却速度。在降温析蜡重结晶过程中，原油中的蜡晶形态受新的晶核的生成速度和已有蜡晶的长大速度两方面的影响，当冷却速度很快时，新的晶核的生成速度远比已有的蜡晶的长大速度快，因而形成大量细小的结晶体系，其表面能和结构强度均较大。当冷却速度控制在某一范围，使蜡晶长大的速度大于晶核的生成速度时，就可能形成强度较小的大而松散蜡晶结构。因此，在析蜡温度区间，尤其在析蜡高峰区，应当避免过快或很慢的冷却。

3）剪切影响。冷却过程中剪切的影响是和受剪切的蜡晶形态密切相关的，故在不同的温度范围和冷却速度下，剪切的影响不同。在析蜡高峰区，高速强烈剪切会使原油流变性恶化。

4）重复加热的影响。若重复加热到原热处理温度，按同样条件冷却降温，仍能保持原来的热处理效果。若重复加热温度低，或接近原油最差热处理温度，原来的热处理效果将变差甚至消失。

5）掺入“生油”的影响。将未处理原油或已失效的热处理原油（统称“生油”）掺入到热处理原油中，会使其流变性变差甚至热处理效果消失。影响的程度与掺入量、掺入温度有关，且各种原油的敏感性不同。

3. 热处理输送方法的应用

目前国内外含蜡原油管道上应用的热处理输送方法有两种：热处理等温输送和管输过程自然冷却的热处理输送。如1963年投产的印度纳霍卡蒂雅管道采用的是热处理等温输送；我国多条加热输送含蜡原油的管道，在输量较低的情况下采用了管输过程自然冷却的热处理输送这种简易热处理输送，如克独线、克乌线、淮临线、马惠宁线等。

二、含蜡原油加降凝剂输送

降凝剂又称蜡晶改良剂，它可以降低含蜡原油凝点同时改善其低温流动性。目前使用较多的是乙烯－醋酸乙烯酯共聚物(EVA)及丙烯酸高碳醇酯类共聚物。

1. 降凝剂作用机理

降凝剂的作用机理至今尚无公认的理论。共晶与吸附理论是目前较公认的机理，因降凝剂一般具有长烷烃主链和极性侧链。若长链烃与原油中蜡分布最集中的链长相近，具有相同的结晶温度范围时，原油冷却时降凝剂与蜡同时结晶析出，或吸附在蜡晶表面。新生成的蜡晶不断被降凝剂包围，形成树枝状结晶，不易形成空间网络结构，从而降低了原油凝点，改善了低温流动性。

2. 降凝剂效果的影响因素

(1) 原油与降凝剂的配伍规律

由于原油的蜡分布、胶质沥青质含量、分子结构等各不相同，降凝剂也有不同种类，它们之间有很强的选择性。需要对不同原油分别筛选其适宜的降凝剂。

有文献对含蜡原油及降凝剂的组成、结构作了分析，并运用热分析方法对蜡溶解及结晶过程进行研究后指出，降凝剂的溶化或结晶温度范围及分子结构与原油中蜡晶析出温度范围相近时，效果较明显。原油中不同种类的胶质对降凝剂作用的影响不同。胶质的组成、结构及胶质极性基团的性质对降凝剂作用有很大的影响。胶质的降凝效果与其浓度有关，若没有胶质存在，降凝剂对蜡溶液几乎无降凝作用。

（2）剪切作用的影响

1）不同温度范围的剪切。若在析蜡温度以上，剪切对降凝剂效果无明显影响。在析蜡温度范围，甚至在析蜡高峰区，管流低速剪切或实验室内低速搅拌等对处理效果影响较小。当剪速更大时，原油表观黏度较明显上升。经过离心泵剪切或黏度计内高速剪切后，凝点和表观黏度都大幅度上升。

2）高速剪切的影响。当油温低于析蜡点时，高速剪切会恶化降凝剂效果。特别是在析蜡高峰区，油温越低、高速剪切的剪速越高、时间越长，降凝剂效果越差。

剪切作用影响的大小取决于原油组成及降凝剂种类。当原油含蜡量高、蜡胶比高，有明显的析蜡高峰区时，剪切的影响就大。存在一个剪切敏感区域，对应于开始进入析蜡高峰区至析蜡最高峰的温度区间。否则剪切的影响就较小。高速剪切对加降凝剂原油的低温流变性影响很大，这在管道设计及运行中必须重视。上千公里长的输油管道上泵站较多，加剂原油经过一个泵站就受到一次高速剪切，这对降凝效果的影响不容忽视。

（3）加剂处理温度及冷却速度的影响

常温下降凝剂通常为固态，必须用煤油或其他溶剂配成溶液，加热至一定温度后按比例加入原油中。适当的加剂处理温度可使降凝剂充分分散在原油中，同时充分发挥胶质、沥青质在石蜡结晶过程中改善低温流动性的作用，达到最佳处理效果。原油加热温度过低，加剂效果会明显恶化，油温过高同样也会使加剂效果降低。不同原油的组成、蜡分布各异，最佳的加剂处理温度也不同。

析蜡点温度以上，冷却速率对加剂效果没有影响；析蜡点以下，过快或过慢的冷却会降低加剂效果。

在输油站上加剂原油经加热炉加热至处理温度后，在换热器中与冷原油换热后出站，由于出站油温一般高于析蜡点，在换热器中的快速冷却对加剂效果几乎无影响。原油在大型管道中冷却速率很低。

（4）加剂浓度的影响

最佳的加剂浓度与原油组成及降凝剂种类有关。超过最佳值时，过量的降凝剂分子不再参与蜡晶的结晶、吸附作用，对加剂效果无明显提高。

3. 加降凝剂输送的应用情况

目前已有不少国家应用加降凝剂输送原油的方法。例如澳大利亚的杰克逊－布里斯班原油管道，通过加入降凝剂及轻质原油的方法，实现全年常温输送。

因为降凝剂价格较贵，并且加剂原油过泵的高速剪切易使其流变性恶化，所以目前多用于某些间歇输送或中间泵站不多的较短管道，以及在长输管道投产、延长停输时间以利再启动等方面应用。在海洋、沙漠等环境恶劣地区的管道上提供再启动保障已取得了不少成功的例子。

我国的管道科技人员试验研究了加剂综合处理工艺，使降凝剂与原油热处理的效果充分发挥，在较低的加剂浓度下取得良好的效果。以降凝幅度及表观黏度为指标，筛选降凝剂并确定最佳处理条件，在我国多条原油管道上采用后取得了很好的效益。

三、易凝、高黏原油输送方法

已在生产管道上实施过的易凝高黏原油输送方法按其作用原理主要可以分为以下几类：

① 提高蜡或胶质在原油中的溶解度，降低油流黏度。如加热输送、保温伴热输送、稀释输送等。

② 改变石蜡在原油中的结晶形态，改善原油的低温流动性。如热处理输送、加降凝剂、加剂综合处理输送等。

③ 用与原油互不相溶的低粘液体（如表面活性剂水溶液）来分散原油或使其与管壁隔开。如乳化降黏、水悬浮输送、水环输送、加减阻剂输送等。

另外，正在试验中或已初步应用的方法有：天然气饱和输送、磁处理或超声处理、剪切处理输送。以上属于物理方法。采用的化学方法有：热裂解、加氢分子筛裂解输送等。近年来利用表面物理化学及仿生学实现界面减阻的研究也已经开展。

1. 稀释输送

(1) 稀释降凝降黏的机理

稀释剂一般采用低黏原油或凝析油、轻馏分油等。加入原油后使混合油中蜡、胶质及沥青质的浓度下降，蜡析出的温度下降，使原油黏度、凝点均下降。稀释剂的密度、黏度越小，其降凝降黏效果越明显。

(2) 混合原油黏度计算式

进行稀释输送工艺计算，需要已知混合原油黏度与稀释比的关系。文献介绍的各种公式均为经验公式，适用于一定范围的牛顿流体。这些公式主要有双对数公式、瓦利捷尔(BaJIbTep)公式、宾汉姆(Bingham)公式、莱德尔(Lederer)公式和混合油黏度计算公式的修正式(石油大学(北京)储运教研室)等。

(3) 混合原油凝点计算

加入稀释剂后原油凝点降低的程度与两种油品的凝点、稀释比及油品性质有关。两组分及多组分混合原油凝点的计算公式可以查阅相关文献。

(4) 稀释输送应用情况

在含蜡原油中加入低黏原油或凝析油等降凝后常温输送，这种方法在前苏联、美国等都有应用。只要在油田附近有稀释油产地，稀释输送一般是经济合理的方案。不同的稠油，不同的季节掺入量不同。我国稠油的集输及外输目前多采用稀释加热输送。这种方法可以通过调节油温及稀释比来调节运行工况，对输量、油品性质、管道条件的变化适应能力强，运行灵活性大。

为了提高稀释输送的经济效益，需要注意以下特点：

1) 稠油管道多在层流流态。若因稀释降黏及混合油输量增大使其进入紊流，则稀释降黏对减阻及提高输送能力的效果就下降。在确定稀释比时，应以保持层流输送为限。

2）对于稀释加热输送管道，稀释油种类、稀释比、运行油温等均影响运行费用。不同条件下，有对应于最低运行费用的最优稀释比范围。

3）采用轻质原油稀释输送时，应考虑到原油加工方案及综合经济效益。如单家寺稠油是生产优质道路沥青的好原料，若掺入含蜡原油较多，将使沥青质量不合格。

2. 乳化降黏输送

乳化降黏输送主要用于高黏稠油集输系统。将表面活性剂水溶液加入稠油中，在适当的温度和剪切作用下，使原油以很小的滴状分散在水中，形成油为分散相、水为连续相的水包油型(O/W)乳状液。使输油时稠油与管内壁的摩擦，及稠油相互间的内摩擦，改变为水与管壁间及水与水之间的摩擦，大大降低了管道输送时的摩擦阻力。乳化液到达管道终点后，再改变温度或剪切条件，加入适量的破乳剂，以脱除输送时掺入的水分。

近年来，国内外均很重视这一方法，美国、加拿大、前苏联及我国都进行了研究。有关乳状液制备、流变性、管道稳定性、破乳脱水方法的试验、研究等发表的文献很多。已有成功应用于数十公里管道的例子，如1987年加拿大阿尔伯达的狼湖油田外输管道。

(1) 乳状液的制备

由于原油中含有沥青质、胶质、环烷酸及脂肪酸等多种天然乳化剂，经过井筒、油嘴等处的剪切，中低含水率原油在井口多呈油包水型(W/O)乳状液，其黏度高于不含水原油。对含蜡原油及稠油的试验研究表明，含水量低于30%时会形成较稳定的W/O型乳状液。更高含水率时，井口原油的流动工况是水悬浮的油包水(W/O/W)乳状液。必须加入表面活性剂使水的表面张力大幅度下降，当原油以细小油滴分散在水中，表面活性剂使包围油滴的界面膜有一定的强度，使乳状液稳定。

1）对管输O/W乳状液的要求。适于管输的O/W乳状液，首先要求其界面膜有一定强度，在输送过程的温度及剪切作用下稳定；同时应有较强的选择性润湿能力，使管壁能形成稳定的亲水层，以保持降低摩擦阻力的作用。第二是要求乳状液静置分层后能容易地恢复原状。管道停输后会出现油水分层及壁面亲水层破坏的过程，若在管流低速剪切下易于恢复乳化状态，则可使再启动容易并较快进入稳定工况。第三是提高温度或加入少量破乳剂时，容易破乳。这可使输至终点的乳化原油易于脱水，以获得合格原油及合格污水。

要得到符合上述要求的 O/W 乳状液，关键在于根据管输条件筛选高效乳化剂。

2）常用的乳化剂类型。目前稠油乳化降黏输送中常用的乳化剂可分为两大类：阴离子型表面活性剂，如无机或有机碱性化合物；非离子型表面活性剂，如环氧乙烯烷基苯酚醚（OP）、环氧乙烯聚氧丙烯二醇醚（2070）、聚丙烯酰胺等。非离子型表面活性剂对水中含盐不敏感。当采用海水或矿化度高的地下水制备乳状液时，非离子型效果较好。

3）管输乳状液制备。将表面活性剂按所需浓度溶于水中，再将稠油及表面活性剂水溶液按比例泵送，通过一混合器即可形成管输 O/W 型乳状液。

（2）稠油的 O/W 乳状液流变特性

1）不同油水比时流型的变化。当 O/W 乳状液内相浓度较低，即含油率低时，为牛顿流体。当含油率高于某一范围时，为假塑性体，可用幂律方程表示其流变特性。随着内相浓度增大，黏度增高，非牛顿特性增强。不同稠油，不同水质时，乳状液流型转变时的内相浓度不同。

2）稠油的 O/W 乳状液的黏温关系。由于乳状液黏度主要受外相黏度的影响，故稠油 O/W 乳状液黏度随温度变化不大，远小于稠油黏度随温度变化的幅度，故低温下降黏幅度比高温时显著得多。

3）稠油的 O/W 乳状液流变性影响因素。乳状液的黏度主要取决于分散相浓度及连续相黏度，还与分散相液滴尺寸及分布有关。原油物性、水质，表面活性剂性质、种类、浓度及制备条件等都会影响到内相分布情况及界面膜情况，均会影响乳状液黏度及其稳定性。不同的表面活性剂各有其降黏效果好又经济的浓度范围，需要试验筛选合适的乳化剂及最佳浓度。

（3）不同油水比的乳状液黏度计算

乳状液是热力学不稳定体系，其黏度受到多种因素影响，准确计算困难。已发表的乳状液黏度计算公式多为经验公式。应用较多的为理查森（Richardson）公式。

$$\mu_e = \mu_c e^{k\Phi} \text{ 或 } \eta_r = \frac{\mu_e}{\mu_c} = e^{k\Phi} \qquad (7-38)$$

式中 μ_e、μ_c——乳状液黏度、外相黏度，mPa·s；

η_r——相对黏度；

Φ——分散相浓度；

k——系数，由相界面性质、两相相对压缩性及体系的热力，剪切等条件决定。

不同原油的 O/W 乳状液有不同的 k 值范围。同一种乳状液的 k 值随内相浓度范围变化，当油浓度增大至某一数值后，乳状液黏度增长很快，k 值加大。

有研究表明原油黏度越高，乳化降黏效果越好。同一种原油低温下降黏的倍数越高。故乳化降黏输送用于特高黏度的稠油常温输送时减阻效果明显。

（4）应用前景与研究课题

我国稠油资源丰富，已发现稠油油田 20 多个，成为继美国、加拿大、委内瑞拉、印度尼西亚后世界第五稠油生产国。今后稠油的产量还将继续增长。稠油开发在世界上是大有前途的。

目前稠油集输多采用稀释加热输送。轻质原油加入有时可能使稠油加工效益下降，另一方面，凝析油等稀释剂缺乏将制约稠油的开发，加拿大、委内瑞拉等国已经面临这一问题。他们率先研究乳化降黏输送工艺并已应用于稠油外输。我国某些油田也将面临部分稠油无轻油可掺的情况。必须研究新的集输方法。

乳化降黏用于管输需深入研究的课题有：研制高效、价廉的乳化剂；乳状液流变性研究；破乳脱水方法。

3. 加紊流减阻剂输送

（1）高分子聚合物减阻机理

在流体中加入极少量的高分子聚合物（相对分子质量一般大于 5×10^4），利用聚合物分子与流体紊流的相互作用，显著降低紊流时的摩擦阻力。这种减阻现象的机理至今仍在探讨中。较多倾向于 Virk 的弹性底层说。其主要论点是认为在高聚物稀溶液的紊流流动中，在管壁附近的层流边界层和管中心的紊流核心之间有一个弹性底层，使紊流核心的区域缩小，在这一弹性底层中旋涡的运动受到抑制且由于具有弹性的聚合物分子能储存旋涡变化时的应变能，因而减少了能量的耗散。

（2）紊流减阻效果的影响因素

1）减阻剂种类、浓度的影响。减阻剂的相对分子质量大，其主链愈长，减阻效果愈好。减阻剂分子应是长链的，最好是螺旋形，有适当的长度及数目的侧键。但分子链加长就降低了抗剪切性。

2）雷诺数的影响。只有当雷诺数达到一定数值后，减阻剂的减阻作用才显示出来。低于此雷诺数或在层流流态，减阻剂不起作用。随管径增大，这一起始雷诺数增高。其他条件一定时，减阻率随 Re 增大而上升。Re 值达到一定范围后，减阻率不再增大。

3）油流温度升高及油品黏度较低时，减阻效果较好。

4）高速剪切使减阻剂发生降解、导致部分或完全失效。故减阻剂均在泵出口注入，只在站间管段内起作用。

（3）紊流减阻剂及其应用情况

目前在长距离管道上应用高聚物减阻的关键在于研制高效、速溶、抗剪切的添加剂。经济适用的油相减阻剂应具备下列特点：

① 具有在油中溶解性能好的高相对分子质量($>10^6$)的线型长链分子；

② 溶液具有黏弹性，抗剪切性能好；

③ 用量小，成本低。迄今曾在煤油和原油中进行过试验并获得好效果的有高相对分子质量的聚－对－异丁基苯乙烯(PIBS)和聚甲基丙烯酸月桂酯(PLMA)等。

许多国家利用这一技术来增加“弹性”输送能力，以解决季节性的增加输量、减缓某些“卡脖子”段的问题，避免增加泵站或铺设副管。我国在铁大线、东黄线、淮临线上均曾进行了减阻剂应用的现场试验。

目前，由于减阻剂的价格昂贵、抗剪切能力差，经过泵剪切后降解失效，需要再次加剂，一般只用于短期的、应急的增输。

4. 其他输送方法

(1) 水悬浮输送

水悬浮输送是将高凝原油分散于常温的水中，形成凝油颗粒(是分散相，水是连续相的悬浮液)，并将水悬浮液进行输送的技术。在凝点温度以下，含蜡原油的黏度很高，而水悬浮液把单独输油时与管壁的摩擦以及高黏度原油分子的内摩擦，转变为水与管壁的摩擦、水与凝油颗粒间的摩擦，所以使得摩擦阻力大大减小。该悬浮液在输送过程中，由于愈靠近管壁处，液流的速度梯度愈大，使油粒因在外层处受到较大的剪切，而向管中心运动，因而在管壁周围形成一个外层水环，使管道输送的摩擦阻力大为降低。

这种方法的适用性和经济效果，主要决定于原油的性质和供排水条件。原油的含蜡量及凝点愈高，凝点与水的温差愈大，愈易形成稳定的悬浮液。如何确保悬浮液的上述理想流态，是管道运行的关键。管道中悬浮液的流态决定于原油的性质、混合时的油水温差、管道周围地温、流速、油水比、油水混合装置、中间泵站的流程及操作条件等一系列因素。

在长距离管道上采用水悬浮输送的例子，只有 1962 年投产的印度尼西亚丹绒油田巴厘巴板的管道。1972年美国也建设了一条用水悬浮输送的矿场集输管道。我国早在1960年就开始了水悬浮输送的实验室及中型试验场的试验，但迄今尚未在生产上应用。

（2）水环输送

水环输送是设法在管壁附近形成稳定的水环，把稠油与管壁隔开，从而起到减阻作用。该方法是最好的稠油输送减阻方法。

形成并保持水环的稳定，是水环输送的技术关键。由于常温下稠油的黏度极高，一旦水环破坏，不仅流动阻力大幅上升，而且清理黏附在管壁上的稠油也是极为困难的。往水中加入少量黏弹性物质，使水溶液具有黏弹特性，可以克服油流的偏心趋势，维持水环的稳定性。

1988年，委内瑞拉建成一条长40km的水环输送稠油的管道，稠油黏度为$3\times10^4\sim10^5$mPa·s，日输油量1600t。

（3）原油改质输送

原油改质是通过脱蜡、脱沥青、热裂化、加氢裂化等炼制加工方法改变原油的化学成分、提高轻馏分油含量，从而改善原油流变性，为常温输送提供条件。

近年来，探讨原油轻度改质的研究工作除了对炼油工艺的成熟工艺应用外，还对物理场作用使原油改质进行了研究。如利用微波、激光、激波、核辐射、声光谐振等强烈的物理作用使原油裂化。

（4）气饱和输送与油气顺序输送

油田在较高压力下进行油气分离，使一部份天然气溶解于原油中，从而降低原油黏度，减小管道摩擦阻力的输送方式称为气饱和输送。使用这种方法时，必须使输油管道、设备的压力等于或稍大于分离压力，以免天然气从原油中分离出来。在低温下输送高黏原油更为有效，当管道通过冻土带或沼泽地时，不能进行加热输送时，气饱和输送也可能比较适宜。

在原油段中夹入天然气段塞，使气体段总长大于原油段长度，从而减小管道总摩擦阻力的输送方式称为原油与天然气顺序输送。原油与天然气交替输入同一管道，比油气分输少建一条管道，而比油气混输降低了输送费用。

(5) 原油的磁处理输送

磁处理是用一定强度和形态的磁场对液流进行处理。原油经过磁处理后，物性会发生暂态变化：含蜡原油的析蜡温度降低、黏度减小，结蜡减少且很容易被清除，因此磁处理对管道具有防蜡、防垢效果，对原油有一定的降黏、减阻作用。根据磁体设于置于管外或管内，分别称为外磁式或内磁式处理。国内外在油田上应用磁技术防止油井油管结蜡、结垢、减轻腐蚀等取得较好效果。

磁处理的防蜡、防垢效果一般比较突出，而降凝效果不是很明显。降黏情况比较复杂，对有些原油来讲，不同研究得到的磁处理降黏效果差别很大。目前，对磁处理的机理和规律还未完全认识清楚，而且其降凝减阻效果也不稳定，因而该技术尚未在输油管道上得到推广应用。

第五节　输　油　站

输油站（泵站、加热站和热泵站）是长距离管道的两大组成部分之一，其基本任务是给油流提供能量（压力能、热能），安全经济地将油品输送到终点，有的还有接收或分输功能。

一、输油站的分区和基本组成

输油站包括生产区和管理区两部分。生产区内又分主要作业区和辅助作业区。

输油站作业区包括：

1）输油泵房。它是全站的核心，设有若干泵－原动机组及其辅助装置。过去泵机组均安装在室内。目前先进的泵机组具有全天候防护能力，能适应气温变化及风雨、沙尘的条件，可以露天布置。

2）阀组间。由管汇和阀门组成，是改换输油流程的中枢。随着阀门质量的改善，已由室内逐渐改为露天安装。

3）清管器收发装置。由清管器发放、接收筒及相应的控制系统组成。

4）油品计量及标定装置。一般设于首站、分输站和末站。

5）油罐区。首、末站的油罐多、容量大。中间站只设一座小容量油罐，用于缓冲或事故泄放。

6）加热系统。加热油品的直接加热系统或间接加热系统。

7）站控室。它是输油站的监控中心，是站控系统与中心控制室的联系枢纽。自控系统的远程终端、可编程控制器等主要控制设置都设在这里。

8）油品处理设施。设于首、末站，包括原油热处理、加添加剂、末站的混油接收、处理等设施。

辅助作业区包括：供电系统，通信系统，供热系统，供、排水系统，消防系统，机修间，油品化验室，阴极保护间和办公室等。

二、输油站的工艺流程

输油站的工艺流程就是指油品在站内的流动过程，是由站内管道、管件、阀门所组成的，并与其他输油设备(包括泵机组、加热炉和油罐)相连的输油管道系统。将工艺流程绘制成图就是工艺流程图，它是工艺设计的依据。工艺流程图不按比例，不受总平面布置的约束，以表达清楚、易懂为主。流程图上应注明管道及设备编号，附有流程的操作说明、管道说明(管径、输送介质)、设备及主要阀门规格表。

1. 首站工艺流程

首站的操作包括接收来油、计量、站内循环或倒罐、正输、向来油处反输、加热、收发清管器等操作，流程较复杂。图 7－10为首站工艺流程图。

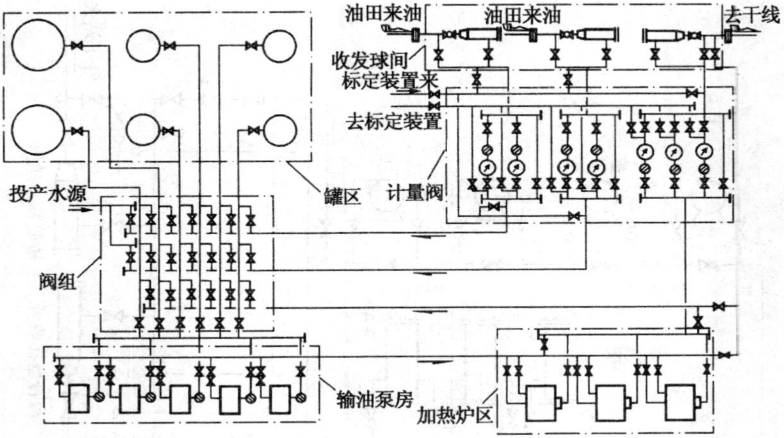

图 7－10　首站工艺流程

2. 中间站工艺流程

中间站工艺流程随输油方式(密闭输送、旁接油罐)、输油泵组合方式(串、并联)、加热方式(直接、间接加热)而不同。

(1)密闭输送的中间站流程

图 7－11 是典型的密闭输送中间站工艺流程，采用串联泵、间接加热，主要操作有正输、反输、越站输送、清管器收发，原油在进泵之前加热的“先炉后泵”流程。

(2) 旁接油罐的中间站流程

旁接油罐中间站流程，采用并联泵、直接加热，主要操作有正输、反输、越站输送、站内循环及清管器通过，见图 7－12。与上述流程相比，主要不同之处是其设有旁接油罐，原油在泵后加热的“先泵后炉”流程，即设炉前泵给加热炉供油，加热后的原油再进入输油泵。

(3) 末站流程

末站流程包括接受来油、进罐储存、计量后装车(船)、向用油单位分输、站内循环、接收清管器、反输等操作。如果是顺序输送管道的末站，还有分类进罐、切割混油、混油处理等操

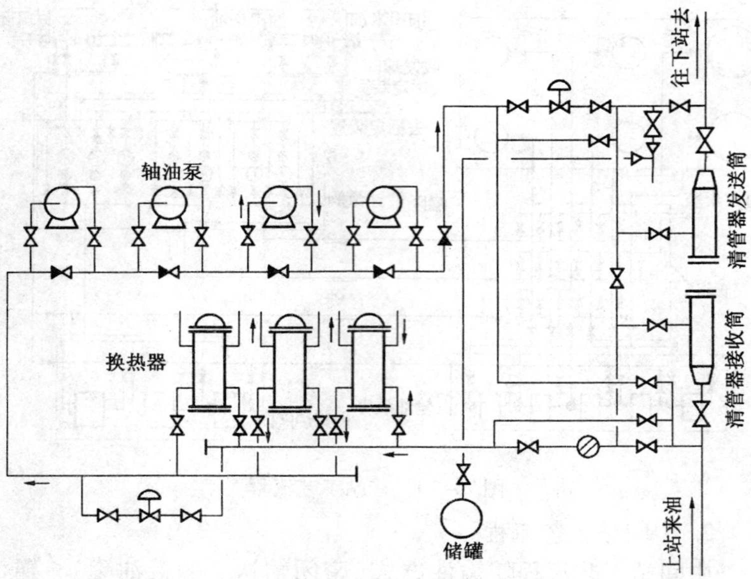

图 7－11　中间站密闭输油流程

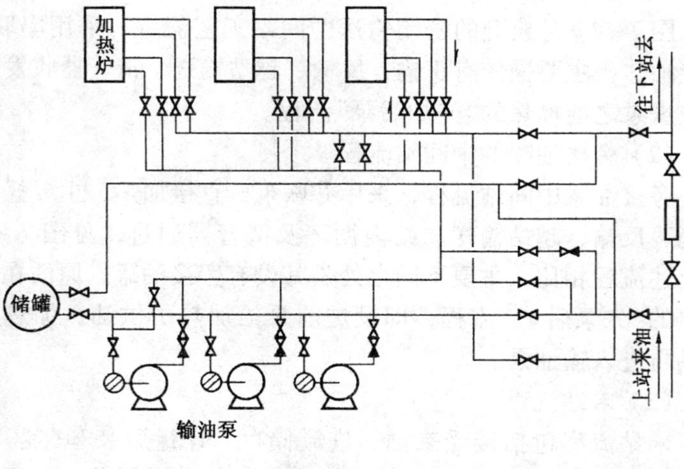

图 7－12　中间站热泵站旁接油罐工艺流程

作，故流程较中间站复杂。

三、输油泵与原动机

1. 选择泵机组的原则

输油泵和原动机是泵站的核心设备，直接影响到管道的安全、经济运行，必须做好选型、安装和运行维护工作。选择泵机组的主要原则如下：

1）满足工艺要求。排量、压力、功率及所能输的液体要与输油任务相适应。一般情况下，每座泵站可选用 2 ~ 4 台泵，其中一台备用。

2）工作平稳可靠，能长时间连续运行。

3）易于操作与维护。

4）效率高、价格合理，能充分利用现有能源。

5）满足防爆、防腐蚀或露天设置等使用及安装的特殊要求。

2. 离心泵

可供选用的输油泵类型有离心泵及螺杆泵。离心泵具有排量大、能串联工作、运行平稳、构造简单、易于维修等优点，在输油管道上得到了广泛的应用。但离心泵在输送高黏油品时效率较低，所以在一些输送高黏油品的管道上需要采用螺杆泵。

输油管道用泵按用途可分为给油泵与输油泵两种。给油泵是由罐区向输油泵供油，以满足其正压进泵的要求，故给油泵的扬程不高。选泵时应根据工程特点和工艺计算结果选择离心泵的串、并联组合方式、泵机组数及泵型号。输油泵分为串联用泵与并联用泵两种。串联用离心泵的排量大、扬程低、比转数高、效率高。对站间管道高差不大，泵扬程主要用于克服管道沿程摩擦阻力损失时，选用串联泵较多。串联泵比并联泵调节灵活，节流损失少。串联泵的泵站流程简单，便于调节、剩余压力利用及超压保护等，因此在输油管道上得到了广泛的应用。而对于山区高差比较大的管道，宜采用并联离心泵。因为这种地形，站间高程差大、管道短，沿程摩擦阻力小，泵的扬程主要用于克服高程差静压头，而高程差静压头不随输量变化，所以采用并联泵比串联泵更为适宜。

3. 原动机

原动机主要有电动机，其次为柴油机、燃气轮机。输油泵的原动机应根据泵的性能参数、原动机的特点、能源供应情况、管道自控及调节方式等因素决定。以下是输油泵用的几种原动机的特点。

1）电动机

电动机比柴油机价廉，轻便，体积小，维护管理方便，工作平稳，便于自动控制，防爆安全性能好，在输油管道上应用最多。泵站使用电动机需要相应的供配电系统支持。电源较远或电力供应不足，要新建电厂来供电时，原动机的选用需进行经济比较。

2）柴油机

与电动机相比，柴油机有许多不足之处：体积大、噪音大；运行管理不方便、易损件多、维修工作量大；需解决燃料供应问题等。但是在尚未被电网覆盖的地区或电力供应不足的地区，根据实际条件选择电动机以外的其他原动机可能更为经济合理，柴油机是其中的一种。柴油机转速可调，用它驱动离心泵时可以通过调速来改变泵特性，使管道与泵匹配良好。柴油机的燃料除柴油外可用重油、燃料油及原油。不同油田的原油物性差别很大，必须针对所输原油的特性进行沉淀、加热、离心分离及过滤等处理，以满足柴油机的使用要求。当功率较大时，柴油机的体积、重量很大，因此比较适用于缺乏电源而机组功率不大的中、小型输油管道。

3）燃气轮机

与柴油机相比，燃气轮机单位功率的重量和体积都要小得多，功率大、转速高、操作维护较简单。燃气轮机可以用多种油品或天然气作燃料；不用冷却水，便于自动控制，机组有双重甚至三重的保护系统，故运行安全可靠；转速可在满负荷转速的

70% ~110%范围内调节。近年来燃气轮机在输油管上的使用日益增多。

燃气轮机的缺点：

① 效率低。例如功率为2200kW左右的燃气轮机的效率为16% ~25%；

② 燃气透平的叶片、机壳的材质要求很高，加工复杂，价格昂贵；

③ 燃气轮机的转速大都在5000 ~6000r/min以上，不易与离心泵直接联动，中间需要变速装置，降低了效率，提高了费用。

第六节 顺序输送

由于每种成品油输量相对于原油而言，一般很低。如果仍像输送原油那样单独建管线，很明显是不经济的。目前在世界范围内广泛采用顺序输送的方式输送成品油。所谓顺序输送是指在同一条管线内按照一定的顺序连续地输送几种油品的输送方式。

这些油品在首站从各自的储罐进入管道，并且在管道末端单独接收，以使得它们不相互掺混。在长距离成品油管道和一部分原油管道中，通常采用顺序输送。生产实践表明：顺序输送可提高管道的使用效率，节省建设投资和能源消耗，降低运输成本，是一条缓和铁路运输紧张状况的有效途径。由于顺序输送方法可以使长输管道最大限度地满负荷运行，不仅可以增加管道企业的经济效益，而且可以减轻其他运输方式(铁路、公路)的运输负荷，所以顺序输送方法在许多国家已获得广泛应用。在一些发达国家，管道顺序输送是成品油的主要运输方式。而我国的管道顺序输送技术相对来讲比较落后，成品油管道发展缓慢。

一、顺序输送的特点

与输送单一油品的管道相比，多种油品的顺序输送有以下特点：

① 顺序输送管道输送的油品大多是成品油，是直接进入市场的最终产品，对所输产品的质量和各种油品沿途分输量都有比较严格的要求。

② 由于经常周期性地变换输油品种，所以顺序输送管道比起输送单一油品的管道，在起终点要建造更多的油罐，用来调节供油、输油与用油之间的不平衡。

③ 顺序输送管道的相邻批次之间必然产生混油，混油段的跟踪和混油量的控制是顺序输送管道的关键技术。混油处理、贬值存在经济损失。

④ 大型的油品顺序输送系统多数是面向多个炼厂和多个用户，管网具有多分支、多出口，多入口，输送的油品品种多，批量大小不一。多种油品的顺序输送系统对输油计划和调度的要求更加复杂。

⑤ 当多种油品在管内运输时，随着不同种油品在管内运行长度和位置的变化，管道的工艺运行参数随时间而缓慢变化。

二、顺序输送的混油

1. 混油机理

(1) 对流－扩散混油机理

两种油品在管内交替时，产生混油的因素主要有两个：

① 管道横截面沿径向流速分布不均匀使后行油品呈楔形进入前行油品中；

② 管内流体沿管道径向、轴向造成的紊流扩散作用。紊流扩散过程破坏了楔形油头的分布，使两种油品混合，在一定程度上是混油段油品沿管子截面趋于均匀分布。对于紊流强度不大或层流流动的管内流体，横截面上油品的混合过程主要是分子扩散作用。

层流流动时管中心液体流速比平均流速大一倍，后一油品 B 会钻入前一油品 A 形成楔形油头，在横截面上两种油品分布很不均匀，中心部分 B 油浓度很高。由于油品的比重差，楔形油头可能偏离管中心，并随改输 B 油的时间延续愈来愈长，直至管道终点。

在浓度差推动下，A 油分子将通过楔形界面进入 B 油，B 油分子将通过界面进入 A 油，分子扩散使界面邻近区域内 A、B 油浓度趋于均匀。显然，层流流态下，管道截面上流速分布的不均匀是造成混油的主要原因。这种混油量大得惊人，可达到管道容积的若干倍。

在紊流中沿管道截面的速度分布比层流均匀，混合物形成较少，由于某种原因(紧急事故，首站油品不足等)在输量不满和流速不大的情况下输送时，特别容易出现层流。这导致所输送液体的接触混油大大增加。

在紊流状态下交替输送油品时，紊流核心部分中流体最大局部流速随雷诺数增大而近于液流平均流速，一般为平均流速 1.18～1.25 倍。因激烈紊流扰动，使混油段任一截面上油品浓度较为均匀，看不到楔形油头存在。层流边层内与层流流态相似，液层间流速不同是造成混油的主要原因。试验表明：随雷诺数的增加，相对混油量(混油量与管道容积之比)开始很快下降，当雷诺数大于 5×10^4 时，相对混油量随雷诺数改变很小。

由于在层流状态时，两种油品在管道内交替所形成的混油量比紊流时大得多，同时雷诺数在 2.3×10^3～4×10^3 范围内，流态由层流转变为紊流，流动不稳定，且管子截面上液体质点的局部流速差异较大，因而顺序输送管道运行时，一般应控制在紊流状态下运行。

(2) 其他混油机理

顺序输送工艺规定，当成品油管道首站更换油品时不能停输。当切换油罐时，在管汇系统中形成两种不同油品的初始混油，这些混油将进入管道干线，油品的油罐切换时间越长，初始混油区也就越长。

一些所谓的“死区”(铸造闸阀的上腔、盲支管、垫圈、过滤器、流量计、三通、汇管、备用泵等)对在罐区管汇中形成的混油体积产生相当大的影响，在前面流动的油品滞留在这些地方，然后被后面的油品冲走。干线中的一些盲肠式支管、旁通管、垫片、插入物、备用线、机械隔离器、刮蜡器的收发筒等也能促使混油形成。在顺序输送时，“盲肠”局部或全部为循环中的一种油品充满，然后这种油品逐渐被另一种油品冲走。结果使前行油品的掺混物不仅进入混油区，而且也进入后行的纯油品批量中。

在顺序输送原油和成品油的管道上可能存在自流段。在这些段中油流只局部充满管道截面，由于重新建立流速截面，及紊流强度和渗流过程的变化，液体的混掺情况与满管不同，是按另一种方式进行的。

2. 混油浓度及混油量计算方法

(1) 混油浓度分析

假定全程都为一平均流速 v，计算距离终点线 x 处的混油浓度。为便于研究，采用运动坐标系统，其原点位于混合区的中央，它沿管道以平均流速向前运动，两油品浓度相等。运动坐标与以管道起点为原点的固定坐标系统之间的关系(见图7－13)为：

$$x = x_1 - vt \tag{7-39}$$

式中 x——混合区某处距运动坐标系统原点的距离；

x_1——混合区某处距固定坐标系统原点的距离；

t——界面从管道起点运动所经历的时间。

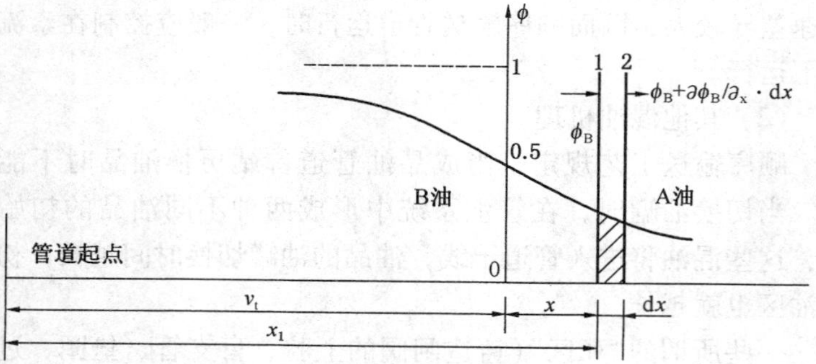

图 7－13 运动坐标系统与固定坐标系统的关系

在混油区划定相距 dx 的两个截面 1 和 2，它们之间形成一个微小的容积，写出此容积内 B 油的物质平衡方程式。

设在截面 1 上 B 油的平均浓度为 ϕ_B，在截面 2 上则为 $\phi_B + \frac{\partial \phi_B}{\partial x}dx$。在 d$t$ 时间内，B 油经过截面 1 进入该微小容积的数量为：

$$q_1 = -D\frac{\partial \phi_B}{\partial x}F\mathrm{d}t \quad (7-40)$$

经过截面 2 流出该微小容积的数量为：

$$q_2 = -D\frac{\partial}{\partial x}\left(\phi_B + \frac{\partial \phi_B}{\partial x}\mathrm{d}x\right)F\mathrm{d}t \quad (7-41)$$

在时间 dt 内，B 油浓度发生变化，在 dx 长的容积内积蓄的油品为：

$$\Delta q = \frac{\partial \phi_B}{\partial t}F\mathrm{d}x\mathrm{d}t \quad (7-42)$$

根据 B 油平衡方程式：

$$\Delta q = q_1 - q_2 \quad (7-43)$$

经置换可得：

$$\frac{\partial \phi_B}{\partial t} = D\frac{\partial^2 \phi_B}{\partial x^2} \quad (7-44)$$

借助拉普拉斯变换可得：

$$\phi_B = 1/2\,(1 - \Phi(z)) \quad (7-45)$$

$$\Phi(z) = \frac{2}{\sqrt{\pi}}\int_0^z \exp(-z^2)\mathrm{d}z \quad (7-46)$$

$$z = \frac{x}{2\sqrt{D_T t}} \quad (7-47)$$

式中 $\Phi(z)$——综合变量 z 的概率积分；

ϕ_B——B 油的体积分数；

z——综合 x 和 t 的变量。

式(7-45)~式(7-47)为混油浓度与时间及混油段内截面

位置之间相互关系的解析式，可以确定在某一时刻混油段内油品浓度与其起始接触面的距离 x 之间的关系，或在混油段内的某一截面上，油品浓度随油品交替时间的变化关系。

(2) 混油浓度计算

混油浓度计算关键在于式(7－45)中 $\Phi(z)$ 的计算，其计算方法较多，应用较广的为利用幂级数的性质将其转化为一无穷级数来进行计算，即：

$$\begin{aligned}\Phi(z) &= \frac{2}{\sqrt{\pi}}\int_0^z \exp(-t^2)\mathrm{d}t \\ &= \frac{2}{\sqrt{\pi}}\int_0^z \left(1 - t^2 + \frac{t^4}{2!} - \frac{t^6}{3!} + \frac{t^8}{4!} - \frac{t^{10}}{5!} + \cdots\right) \\ &= \frac{2}{\sqrt{\pi}}\left(z - \frac{z^3}{3\times 1!} + \frac{z^5}{5\times 2!} - \frac{z^7}{7\times 3!} + \cdots\right)\end{aligned} \tag{7-48}$$

在上述计算中，当取－3～3 时，收敛性较好，截断误差较小，但当取较大值时，级数项要求计算项较多，否则截断误差较大。在这种情况下，计算的累计误差较大，可能产生实数溢出而无法计算。

若利用契比雪夫积分法来计算 $\Phi(z)$，则可确定混油浓度。该方法具有计算精度高、简单、对舍入误差的积累敏感性较小等优点，其具体计算思路和步骤如下。

1) $\Phi(z)$的计算。契比雪夫积分公式为：

$$\int_{-1}^{1} \varphi(x)\mathrm{d}x \approx \frac{2}{n}\sum_{k=0}^{n-1} \varphi(x_{\mathrm{k}}) \tag{7-49}$$

具体做法如下：

对 $\Phi(z) = \frac{2}{\sqrt{\pi}}\int_0^z \exp(-t^2)\mathrm{d}t$ 中的积分变量 t 作变换

$$t = \frac{z}{2}x + \frac{z}{2} \tag{7-50}$$

将原积分化为在区间[－1，1]上的积分

$$\Phi(z) = \frac{2}{\sqrt{\pi}}\frac{z}{2}\int_{-1}^{1} f\left(\frac{z}{2}x + \frac{z}{2}\right)\mathrm{d}x = \frac{z}{\sqrt{\pi}}\int_{-1}^{1}\varphi(x)\mathrm{d}x \tag{7-51}$$

应用契比雪夫积分公式得

$$\Phi(z) \approx \frac{z}{\sqrt{\pi}}\frac{2}{n}\sum_{k=0}^{n-1}\varphi(x_k) \tag{7-52}$$

本文将 n 取值为 5，此时节点如表 7－5 所示

表 7－5　契比雪夫公式节点

n	x_k	n	x_k
0	－0.8324975	3	0.3745414
1	－0.3745414	4	－0.8324975
2	0.0		

2）D_T 的计算。有效扩散系数综合了油品交替过程中的对流、紊流扩散和分子扩散三种因素的作用。目前所采用的计算公式多数都是从实验中总结出来的，常见的几种计算公式有：

① 雅勃隆斯基－希兹基洛夫公式

$$D_T = \nu_{pj}(3\times10^3 + 60.7\,Re_{pj}^{0.545}) \tag{7-53}$$

式中　ν_{pj}——两种交替油品运动黏度的算术平均值，m^2/s；

Re_{pj}——按 ν_{pj} 和管内平均流速计算的雷诺数。

② 阿沙图良公式

$$D_T = 17.4\nu_{50}\,Re^{2/3} \tag{7-54}$$

式中　ν_{50}——混油的计算运动黏度，$\nu_{50}=\frac{\nu_1+3\nu_2}{4}$，且 $\nu_1>\nu_2$，m^2/s；

Re——按 ν_{50} 计算的雷诺数。

③ 泰勒(Taylor)公式。不考虑分子传质过程时，泰勒使用数据分析方法，得出了适用于水力光滑区的有效扩散系数的计算公式

$$D_T = 1.785V_{cp}\cdot d\sqrt{\lambda} \tag{7-55}$$

式中　V_{cp}——管内平均流速，m/s；

d——管内径，m；

λ——水力摩擦阻力系数。

实验数据证明，泰勒公式适用范围为 $Re > 2 \times 10^4$。

本文在计算 D_T 时选用雅勃隆斯基－希兹基洛夫公式。将计算所得的 D_T 与 $\Phi(z)$ 代入(7－44)即得到混油浓度，进而可以计算混油长度和混油量。

3. 混油量的经验公式法

顺序输送混油量的计算一般采用 Austin－Palfrey 公式。该公式是由生产实践总结出来的，不考虑输送次序对混油的影响，把前行油品浓度为 99% ~1% 的两界面间的距离定义为混油段的长度。公式具体形式如下：

$$Re > Re_j \qquad C = 11.75 d^{0.5} L^{0.5} Re^{-0.1} \tag{7-56}$$

$$Re < Re_j \qquad C = 18384 d^{0.5} L^{0.5} Re^{-0.9} e^{2.18 d^{0.5}} \tag{7-57}$$

其中

$$Re = \frac{4Q}{\pi d \nu} \tag{7-58}$$

$$Re_j = 10000 e^{2.72 d^{0.5}} \tag{7-59}$$

式中混油的计算黏度 ν 由下式给出：

$$\begin{aligned} & \lg\lg(\nu \times 10^6 + 0.89) \\ & = 0.5\lg\lg(\nu_1 \times 10^6 + 0.89) + \\ & 0.5\lg\lg(\nu_2 \times 10^6 + 0.89) \end{aligned} \tag{7-60}$$

$$\nu = \mu / \rho \tag{7-61}$$

式中 Re——混油段雷诺数；

Re_j——临界雷诺数；

C——混油段长度，m；

L——管道长度(混油界面通过的长度)，m；

d——管道内直径，m；

e——自然对数的底，一般为 2.718；

Q——油品体积流量，m^3/s；

ν——混油段计算黏度，m^2/s；

ν_1——前行油品在输送温度下的运动黏度，m^2/s；

ν_2——后行油品在输送温度下的运动黏度，m^2/s；

μ——油品动力黏度，Pa·s；

ρ——油品密度，kg/m^3。

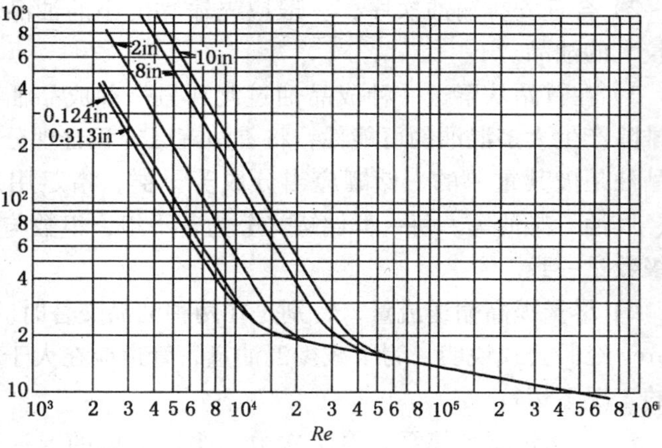

图 7－14　雷诺数 Re 与无因次量 C^2/LD 的关系

对某一特定顺序输送管道(d、L 为定值)，雷诺数对混泪长度影响两个不同区域。每一区域内，Re 和无因次量 C^2/Ld 在对数坐标系统中均呈直线关系。C^2/Ld 值随雷诺数降低而缓慢增大区域称“平滑区”，该区域内直线斜率为－0.2，C^2/Ld 值随雷诺数降低而急剧增大区域称“陡斜区”，在该区域内直线的斜率为－1.8。Re_j 称临界雷诺数，应用临界雷诺数可区别管道工作形态，选择混油长度计算公式。$Re < Re_j$ 时为“陡斜区”，混油长度随雷诺数降低而急剧增加；$Re > Re_j$ 时为“平滑区”，混油长度随雷诺数的降低，增长缓慢。为减少混油量，管道应在大于临界雷诺数情况下运行。当然，无论何区域，混油长度均与管道长度(即界面移动距离)的平方根成正比。

3. 减少混油量的措施

在正常的输送条件下所形成的混油通常是干线成品油管道容积的0.5%～1%，采取下列措施可防止成品油管道产生过多的混油。

1）相邻两种油品容重差要小、物理化学性质要接近、品级潜力要很大，必须避免透明成品油和黑色成品油相邻。

2）合理安排输油次序，一般应先输黏度小的油品，后输黏度较大的油品。

3）在首站从泵送一种成品油过渡到另一种成品油时，要努力排除产生太多混油的可能性，将首站罐区容积合理分配给各种成品油是极其重要的，储罐应当分成若干群，指定用来储存汽油、煤油、柴油等。每一群储罐又分为若干组，组数与成品油的品级数量一致。

4）尽量提高输送流量，特别是在两种油品交替时。Austin - Palfrey 经验公式说明，为了减少混油量，管道应在大于临界雷诺数的工况下运行。

5）应尽量减少停泵。停泵次数越多，造成的混油越多。必须停泵时，应选择好停泵时机，尽量使混油界面都处于较平坦的地段上，若必须在混油界面处于有较大坡度的地段时停泵，则应使密度小的油品在上，密度大的油品在下。

4. 混油切割及混油处理

混油切割方式对于需要长期储存的油品，在掺入混油后，尽管油品当时的各项指标都合格，但在长期储存时可能会影响其安定性，最好不要掺混，而是将混油装入专用混油罐，另行处理。一般是以含有前行油品浓度99% ~1%的油流作为混油。对于混油段有以下切出方式：

（1）两段切割

即前面讲的将混油段切割成两部分，收入两种纯净油品的储罐内。如90#汽油和93#汽油的切割即可采取此种方法；

（2）三段切割

将能够掺入前后两种纯净油品罐内的混油切入两种纯净油品的储罐内，其余混油进入混油罐；

（3）四段切割

将能够掺入前后两种纯净油品罐内的混油切入两种纯净油品的储罐内。其余混油按50%分成两部分，前部分富含A油，后部分富含B油，分别切入两个不同的混油罐中。然后把富含A油的混油（体积为V_A）准备掺混到纯净的A油中，把富含B油的混油（体积为V_B）准备掺混到纯净的B油中。

（4）混油段的五段切割或三段切割

一般采用将含有后行油品1%的混油段直接切入前行油品中；将含有1%～33%后行油品的混油段切入富含前行油品的混油罐中，以便按照比例回掺入前行油品中；将含有33%～66%后行油的混油段切入中间混油罐中，以便利用混油处理装置将两种油品分离；将含有66%～99%后行油品的混油段切入富含后行油品的混油罐中，以便按照比例回掺入后行油品中；将含有后行油品99%的混油段直接切入后行油品中。

5. 混油处理

混油处理是长距离顺序输送成品油管道以及油品储存的重要生产环节，也是降低管道输送成本、提高管输经济效益的重要课题。成品油管道顺序输送的混油是一种不合格的油品，因为混油的质量指标达不到要求，要对混油进行适当的处理。

1）目前国内外对混油的处理方法一般有两种：一种是就近送回炼厂重新加工，另一种是掺混后供用户使用或降级处理。混油处理还有一些其他方法，比如金属氧化法、碱处理法、蒸馏法和过滤法，但它们不是很常用。以掺混方式处理顺序输送所产生的混油，是目前国内外所通用的一种行之有效的经济、简便的方法。

2）混油处理装置成品油顺序输送管道末站必须建混油罐，以用于储存混油。若末站距离炼厂较远，末站可设置一套混油处理装置，一般是采用简单的常压蒸馏工艺。混油处理装置年设计处理量的确定取决于需处理的混油量及装置建设和运行的综合费用。

第七节 输油管道的安全管理

一、输油管道安全的重要性

由于长距离输油管道具有密闭性好、自动化程度高等特点，所以其安全性优于铁路、公路、水路运输等方式。但是所涉及的介质是原油、轻油、液化气等易燃、易爆、易挥发和易于静电聚集的流体，有的甚至含有毒物质，因此一旦系统发生事故，泄漏的油气极易起火、爆炸，酿成人员伤亡及财产损失的恶性灾害。此外，油品大量泄漏还会污染水源、土壤，对公众健康及环境造成长期的不良影响。

在人口稠密的地区或接近重要设施时，大火及爆炸将造成生命、财产的巨大损失；而在边远的荒漠、山区，又会因为消防力量不足或水源较远等条件限制，灭火困难。由于输油管道的站场和油库的罐区集中储存着大量油品，装卸操作频繁，故引发火灾的危险因素很多。这些输油管道事故会造成人员伤亡、直接经济损失和上游的油气田和下游的工矿企业停工减产的间接损失。而且输油管道事故可能会污染环境，给公共卫生和环境保护带来较长时间的负面影响。长距离输油管道是大口径、长距离、高压力的大型管道系统，是国家能源供应大动脉和国民经济的重点工程，肩负着为国民经济健康快速发展提供能源保障的重要责任，它们的安全运行有重大的社会和经济意义。

二、国内油气管道的安全形势

国内油气管道总里程已达4万多公里，其中许多管道运行已接近或超过20年，逐步进入后期事故多发阶段。近年来，随着经济的快速发展，城市及城镇建设、厂矿及交通设施建设也日益频繁，违章施工伤害管道、违章建筑占压管道的事件增多。第三方故意破坏引发的管道泄漏事故呈上升趋势，更给管道系统的安全造成严重威胁。

我国油气管道事故率比发达国家要高很多倍。据统计，近30年来，欧洲、前苏联、美国的输气管道事故率[次/(千公里·年)]平均值约为0.5，西欧17国输油管道泄漏事故率2000年为0.25。而我国东北和华北地区输油管道运行以来，粗略统计事故率要超过2.0。

新建成的西气东输管道、兰成渝成品油管道、陕京输气管道等大口径、长距离、高压力的大型管道系统是西部大开发的重点工程，其安全运行对国民经济具有重大意义。这些管道经过沙漠、高山，通过湿陷性黄土区域及多条地震断裂带。沿线地形地貌复杂，地质灾害类型多、频率高。另外，甬沪宁原油管道等建在人口及城镇最密集的华东沿海地区，它们一旦泄漏或发生火灾爆炸事故，将会产生重大损失和恶劣影响。油气管道安全的重要性和紧迫性在当前形势下更为突出，因而储运工程技术人员和管理人员须增强安全生产意识，提高安全管理水平，保障油气管道安全运营。

三、输油管道事故原因与后果

1. 输油管道事故原因

据统计，欧美国家输油管道事故原因主要是外力损伤、管材及管件的机械损伤、腐蚀，其次是操作失误、自然灾害等。而我国输油管道事故原因主要是设备故障、腐蚀、操作失误，其次是外部干扰和施工、管材质量问题。我国输油管道事故主要原因与欧美不同，是因为东部管线多建设在上世纪70、80年代，受到当时经济、技术水平的限制，在设备、材料及施工质量、自动控制等方面与先进水平有较大差距所致。上世纪90年代以来，打孔盗油等故意破坏的事故率呈快速上升的趋势，而近年新建的大型油气管道在设计、材料设备、施工等方面技术水平有很大提高，设备故障及误操作的事故率下降。

2. 输油管道泄漏事故的后果

一旦发生输油管道事故泄漏，可能会引起火灾爆炸、造成人员伤亡及财产损失。泄漏一方面使所输油品大量流失；另一方面由于漏出的油品往往会污染河流、地表和地下含水土层，从而污染饮用水，对生态环境和社会影响很大。原油泄漏后对生态环境有长期的负面影响，除了溢油直接损失，处理事故还需要花费油品回收、清洗、环境净化及赔偿损失等费用。当然，输油管道事故后果也会受到一些因素的影响，主要影响因素有：油品泄漏量及扩散条件；管道周边的人口密度；管道所输介质的危险性。

3. 易凝高黏原油流变特性对管道运行安全的影响

如前所述，易凝高黏原油多采用加热输送。对于低输量运行加热输送管道，当外界环境条件变化或运行工艺参数不当时，可能出现初凝停流事故。管道的输量要大于热力条件允许的最小输量，输量低于最小输量时，必须采取相应措施才能保证管道安全运行。停输时间过长将使管内原油冷凝而导致再启动困难，可能酿成凝管事故。它是输油企业的恶性重大事故。凝管事故不仅会造成管道停输，而且往往解堵困难。处理凝管事故除了因为要排放原油、抢险、管道停输等会造成直接经济损失以外，还会污染环境，影响上、下游的油田、石化企业的生产，造成巨大的间接损失和不良的社会影响。

四、输油管道的安全工程

输油管道是一个复杂的大系统，其不安全因素和引发事故的原因很多，涉及到系统本身、人、环境的相互关系，与管道工程的规划、设计、施工、运营、维护和抢修等各方面有关。需要从安全法规、安全设计、安全管理、安全技术、职业卫生等各方面配合，形成一个完整的安全工程体系，来达到安全生产的目的。

1. 安全法规

只有制定系列的法律、法规，对安全生产提出要求并严格监督执行，才能以法制为基础，贯彻执行党和政府始终坚持的“安全第一、预防为主”的安全生产方针。许多发达国家对油气管道实行专门的安全监督管理，有专门的、系统的法规对其设计、施工和运行的各个环节提出具体要求，授权政府职能部门进行监管，权威技术部门进行法定检验。近年来我国对油气管道安全管理和监察非常重视，相关的法规体系也在日渐完善。国务院、国家经贸委和中国石油天然气总公司分别颁布或发布了“石油、天然气管道保护条例”、“石油及天然气管道安全监督管理规定”和SY/T 6267—1997“石油天然气工业健康、安全和环境管理体系”(HSEMS)。

我国油气管道的设计、制造、施工、操作和维修也有一系列的技术规范、标准。2003 年 10 月实施的国家标准 GB 50253—2003《输油管道工程设计规范》，主要内容包括了输送工艺、线路、输油管道、管道附件和支承件的结构设计，输油站、管道监控系统、通信系统的设计，管道焊接、焊接检验、试压，健康、安全与环境(HSE)、节能等多方面的技术要求和规定。当然，油气管道的建设、运行、维修等还有很多相关的技术标准和规范，其中包括很多安全规范或安全管理的内容，例如GB 50183—2004《石油天然气工程防火规范》等。

2. 安全设计

如何保障管道系统的本质安全，为管道安全可靠运行打下良好基础，是油气管道设计阶段必须考虑的重点之一。设计人员必须遵循有关规范、标准的安全规定进行设计，要根据输送介质及该工程项目的特点，有针对性地进行安全设计。安全设计要贯穿到设计的全过程和各个方面：油气管道的前期规划、可行性研究、初步设计和施工图设计的各个设计阶段以及设计内容。

(1) 线路选择

从安全方面考虑，长输管道线路选择时，不得通过城市水源区、工厂、飞机场、火车站、海/河港码头、军事设施、国家重点文物保护单位和国家级自然保护区，线路不能绕避时要采取适当的防护措施并经国家有关部门批准。通过对工程地质情况的勘察，了解地质灾害的种类及发生的频率，对地震、活动断裂带、泥石流、滑坡、洪水、湿陷性黄土等地段，当线路不能绕避时要采取适当的防护措施。

站址是在总线路走向内，而且在符合工艺要求的前提下，可做适当的调整。若从安全方面考虑，站址应与铁路、大型工矿企业、居民密集区等有足够的安全距离，避免选在沼泽地区或可能水浸、洪水淹没的地区。

(2) 输送工艺

根据所输介质的特性，选择安全经济的输送工艺。例如，易凝、高黏原油采用加热输送；成品油管道输送多为大宗轻质油品，采用顺序输送、等温密闭输油工艺。

(3) 工艺参数确定与主要设施选型

输油管道的输送温度、最大操作压力等工艺参数的确定，管道的管材类型、壁厚选择及储罐、泵机组、加热炉等主要设施及监测仪表、附件的选型，站场供电系统设计等，须从保障管道安全出发，按相应设计规范执行。

(4) 数据采集监控系统(SCADA)

油气管道自动化是管道安全、经济运行的重要保证。计算机监测控制与数据采集系统(SCADA)已被广泛应用，成为管道自控系统的基本模式。在设计时选择先进的适用的系统及模拟软件，运行中充分应用其功能，可以保障油气管道安全、平稳地运行，提高运行管理及安全管理的水平。

(5) 站场设计

根据所输送介质的危险性(易燃、易爆、有毒等特点)，在站场的总图布置，建筑物防火间距及耐火等级确定，各种设施、设备及仪表选型等方面，都必须按有关规范要求进行设计，以保障安全。

(6) 腐蚀控制

腐蚀是影响输油管道安全可靠性和使用寿命的关键因素，往往是导致管道穿孔、破裂，发生漏油的主要原因。有效地防止和控制管道腐蚀可以使事故率降低，保证管道安全运行。

(7) 管道建设的可行性研究

在管道建设的前期工作中，可行性研究报告要对管道系统的线路、工艺方案、主要设备及自动控制水平等重大问题确定推荐方案。因为可行性研究报告作为该项目决策的依据，要根据它来编制设计任务书及进行初步设计，所以只有深入搞好可行性研究，从技术先进、经济合理、保障安全的全方位推荐管道系统的最佳方案，才能保证管道系统的本质安全，为管道的安全建设、运行、维护打下良好的基础。

3. 安全管理

现代安全管理应用安全系统工程的理论和方法，使系统的安全处于最佳状态，用系统工程的理论、方法来分析和研究系统中不安全因素的内在联系，检查各种可能发生的事故的概率及其危险程度，对风险做出定性及定量的评价。现代安全管理通过危害因素识别和风险评价，划分风险程度、级别，指导人们预先采取降低风险的措施，预防事故的发生。

在输油管道应用安全系统工程的理论和方法，达到控制或消除事故的目的，可以全面提高管道系统的安全水平。油气管道现代安全管理的主要内容包括：

(1) 健康、安全与环境管理体系(HSEMS)

管理体系就是指把管理对象作为一个整体，把各种控制、处理的措施及资源有机的结合起来，有效地运行，使控制的对象按计划及决策进行并达到预定的目标。HSE 管理是一个企业管理体系的重要组成部分，它将健康、安全与环境三种密切相关的管理体系科学地结合在一起。这是从 20 世纪 90 年代以来国际石油天然气工业中通行的做法，良好的 HSE 管理水平已经成为石油天然气企业进入国际市场的必要条件之一。

(2) 安全生产监督

强有力的监督是完善的安全立法及规范得以认真执行的保障。现行的安全管理法规中都强调了监督和审核。石油天然气行业通行第三方监督与行业内部安全生产监督相结合的体制。国家的第三方监察有专门的监察机构与监察体系，如我国的国家与各级行政区的安全生产监督管理局，代表国家利益对企业的安全生产进行监察和管理。行业内部监督是国家监察的补充，可以强化企业自我监管的意识，对企业的安全生产进行全过程的动态的监督。

我国石油天然气行业已逐步建立和发展了行业内部安全生产监督体制。目前，在石油天然气企业及各专业分公司、某些生产现场均设有安全生产监督，各级监督组成了石油行业内部安全生产监督体系。基层的安全监督由上一级监督站选派，安全监督要经过培训、考核合格，取得相应资质后才能上岗。

(3) 管道完整性管理

一些发达国家大量的油气管道已使用多年，进入其设计寿命后期，存在不少事故隐患，需要加强安全管理，近年来在这些国家油气管道工业中迅速发展起来现代安全管理体系—油气管道完整性管理。另一方面，随着经济、生活水平的提高，社会舆论和公众对安全的关注和要求越来越高。近几年在美、英和西欧等国，完整性管理进展很快。美国在 2001 年以来已相继出台了油气管道完整性管理的相关法律、法规和规范，要求管道公司建立和完善油气管道完整性管理计划并遵照执行。

4. 安全技术

这里所说的安全技术是指为了控制和消除各种不安全因素，预防事故发生或减轻其危害程度而采取的技术。随着科学技术的进步，安全技术也在不断发展，安全技术措施也日益先进。

对于输油管道系统，安全技术包括防火、防爆、防静电、防雷及消防技术，以及针对管道系统的各种危害因素的安全技术，如防止管道内、外腐蚀，防止水击破坏，管道泄漏检测、防腐层检测、管道内检测的技术等。

安全技术的措施包括两个方面：预防事故发生和减少事故的损失。主要的措施有：

（1）减少潜在的危险因素

减少潜在的危险因素，使事故失去产生的基础，是预防事故的最根本措施。例如：在新工艺、新产品开发时，尽量避免使用有危险性的物质、工艺和设备，选用不燃和难燃物质和低毒物质。

（2）降低潜在的危险因素的强度

某些潜在的危险因素往往要达到一定的程度或强度才能造成危害。通过一些措施降低它的强度，使之处于安全范围内，就能防止事故发生或降低事故的损失。例如，在干线管道上设置截断阀，可以减少事故时油气的外泄量。

（3）联锁保护

当设备或装置出现危险情况时，以某种方法强制一些元件相互作用，以保障生产安全。例如，对于密闭输送的多泵站的长距离输油管道，为了防止水击引发的事故，在中间泵站上设有进站压力超低保护、出站压力超高保护、站内高压管道压力超高限保护和超前保护等压力保护设施。一旦发生水击，产生压力超限，管道系统保护装置会自动选择如调节阀、泄压阀等分别进行调节，维持管道正常运行。若调节无效，或调节阀的压降过大，将会自动顺序停泵。此类压力保护即属于联锁措施。

（4）隔离操作/远距离操作

当人与施加危害的物质、物体接触时，就存在发生伤亡事故的可能性。如果将两者隔离开或保持一定距离，就可以避免人员伤害事故的发生或减弱对人体的危害。这类措施有：对放射性、高温和噪声等的防护，可以通过设置隔离屏障、提高生产自动化及遥控程度等，防止操作人员接近有害物质等。

（5）设置薄弱环节预防设备损坏

在设备或装置上安装薄弱元件，当危险因素达到危险限之前，这个环节预先破坏，或将能量释放，或将装置安全停运，从而防止重大事故发生。例如在储存轻质油品的拱顶油罐的罐顶装呼吸阀与液压安全阀，在电气设备上装保险丝等。

（6）封闭危险物质或能量

所谓封闭就是将危险物质和危险能量局限在一定的范围内，能够有效地防止事故发生和减少事故的损失。在输油管道的站场和油库的储油区内，地上油罐需设置防火堤，防火堤应采用非燃烧材料建造，应能承受所容纳油品的静压且不会泄漏。

此外，还有提高设备强度、增加安全裕量和警告提示等措施。

5. 劳动保护、职业卫生

劳动保护就是为了防止工伤事故，预防职业病，改善劳动条件，实行劳逸结合，开展安全教育、检查活动，加强女工保护等所进行的活动及采取的措施的统称。例如高低温防护、高空作业防护、女职工保护等。保护劳动者的安全和健康，调动职工的积极性和创造性，提高劳动生产率，是提高企业管理水平，从而提高综合经济效益的有效途径，这也是安全生产的基本原则。

第八章 油品计量基础知识

第一节 计量基础知识

计量学，是关于计量理论与实践的知识领域，是一门综合性的学科。它是研究测量、保证测量统一和准确的科学。它的形成和发展与科技的进步、生产的发展有密切关系，并相互促进。

一、计量学发展简史

计量活动开始于原始社会末期，那时的人类，为了打制石器、加工木棒和分配食物，就逐渐出现了轻重、长短、多少的概念。最初他们只能依靠眼睛、手等感觉器官去进行衡量，但是随着生产力的逐步提高和人类改善生活条件的客观需要，古代人开始了向以人体某一部分为标准的客观自然物长度标准的过渡。例如，中国的夏代，大禹曾把自己的身长作为当时的长度标准。

到了奴隶社会时期，随着生产力的进一步提高，生产的商品种类不断增多，出现了人类社会最早的计量器具度量衡，原始的计量体系逐渐形成。例如，大禹治水使用了“准绳”和“规”、“矩”等计量器具。我国各地出土的许多商代青铜器，比例均匀，是我国计量发展的有力证明。

到了春秋战国时期出现了用“黄钟”律管作为度量衡的单位量值标准，使度量衡三个量值单位：长度、容量和质量都有了比较准确的依据。

封建社会时期，铁器和耕牛的普遍使用，大大提高了生产力，因此计量也有了很快的发展。公元前221年，秦始皇统一中国后，立即颁发诏书，统一度量衡，确定了秦国的度量衡制度。秦代度量衡制度为我国古代计量奠定了一个牢固的基础，对当时社会的发展起到了十分重要的作用。标志着我国古代计量从此进入了一个新的历史时期。

这种度量衡制度在当时是很先进的，其中大部分的度量制都采用了十进制。秦代之后的两千多年，我国各朝代基本均采用该制度。

到19世纪中叶的清朝末期，封建社会崩溃，随着资本主义大工业的生产，米制正式开始传入我国。但是当时中国一直处于帝国主义的控制之下，计量制度不统一，严重阻碍了米制在我国的推广工作。直到1949年全国解放时，米制才开始在全国范围内推行。那时我国近代的计量管理落后于世界先进国家。

中华人民共和国成立后，设立度量衡处，负责全国度量衡的统一管理工作。后设立了国家计量局作为国务院直属机构，其主要任务是：负责米制的推行；计量器具国家检定；建立国家基准器；监督指导计量器具的制造修理、销售和进出口；审定工业计量标准器的设置；起草制定国家有关计量方面的法规和文件等。建国五十多年来，中国的计量单位从杂乱无章到与国际接轨的统一计量单位，从行政管理走向法制管理。

计量在发展生产科技进步中发挥了不可估量的作用，同时对它的要求也越来越高。传统的古典度量衡已经无法再适应新时代的需要，于是以新技术为条件，新理论为基础的现代计量便逐渐形成和发展起来，因此出现了计量学这门新兴的、综合性学科。

二、计量的特点与作用

1. 计量的特点

计量的特点取决于计量所从事的工作，即为实现单位统一、量值准确可靠而进行的科技、法制和管理活动。概括地说，可归纳为准确性、一致性、溯源性及法制性四个方面。

（1）准确性

准确性是计量的基本特点，它是指计量的结果与被计量的真实值的接近程度。严格地讲，实际上并不存在完全准确无误的测量，因此在给出计量值的同时，还必须给出该计量值的误差范围或不确定度，即准确性。否则，所进行测量的质量(品质)将无从判断，量值也就不具备明确的使用价值。所谓量值的准确，即是在一定的不确定度、误差极限或允许误差范围内的准确。量值的统一也是指在一定准确范围内的统一。

(2) 一致性

一致性是计量单位的统一，是量值统一的重要前提。它指在同一计量单位的基础上，在任何时间、地方，使用任何计量器具、方法，以及由任何人计量，只要符合有关计量所要求的条件，计量结果就应在给定的误差范围内一致。也就是说，计量结果应是可以重复、再现(复现)和可比较的。否则，计量就失去其社会意义。计量的一致性不仅限于国内，也适用于国际。

(3) 溯源性

溯源性是在实际工作中，由于目的和条件的不同，对计量结果的要求也是不相同的。但是，为使计量结果准确一致，所有的量值都必须由相同的标准进行测量。换句话说，溯源性是指任何一个计量结果或计量标准的值，都要通过一条具有规定不确定度的连续比较链，与计量器具联系起来。这种特性使所有的同种量值，都可以按这条比较链通过校准向测量的源头溯源，也就是溯源到同一个计量基准(国家基准或国际基准)，从而使准确性和一致性得到技术保证。否则，量值处于多源或多头，必然会在技术上和管理上造成混乱。所谓“量值溯源”，是指自下而上通过不间断的校准而构成溯源体系；而“量值传递”，则是自上而下通过逐级检定而构成检定系统。

(4) 法制性

法制性源于计量的社会性，计量本身的社会性就要求有一定的法制保障。因为量值的准确统一不仅依靠于科学技术手段，而且还要有相应的法律、法规和行政管理。特别是那些对国计民生有明显影响的计量，涉及公众利益和可持续发展或需要特殊信任的领域，必须由政府主导建立起法制保障。否则，量值的准确性、一致性及溯源性就不能实现，计量的作用便难以发挥。

2. 计量在国民经济的作用

随着社会生产力的提高，市场经济的不断发展和科学技术的进步，计量的范畴与概念也随之发生了变化。如果说早期的计量仅限于度量衡的概念，局限在商业贸易范围内，那么，现代计量则是渗透到国民经济的各个领域，无论是工农业生产、国防建设、科学实验和国内外贸易乃至人们日常生活都离不开计量，它已经成为科学研究、经济管理、社会管理的重要基础和手段。计量水平的高低已成为衡量一个国家的科技、经济和社会发展程度的重要标志之一。

计量的学科方面具有双重性。从科学技术角度来说，它属于自然科学，从经济与管理学、社会学的概念方面理解，它又属于社会科学范畴。因此，计量具有自然科学与社会科学双重性。这一性质，客观上决定了它在国民经济当中所具有的重要地位及所起的重要作用。

(1) 计量与科学技术

科学技术是人类生存与发展的重要基础，没有科学技术就不可能有人类的今天。科学技术的研究，都是建立在大量的测量数据基础上的，因此各种科学理论和定律都要经过实际验证才可以确立或被承认，而计量就是所有验证的技术基础和主要手段，因此计量本身就是科学技术的一个组成部分。近几年的科技成果的涌现，如航天工程“神州号”试验飞船、三峡工程建设的飞速发展，都标志着我国现代科技发展的先进水平。这些先进成果的涌现标志着我国的计量技术也进入了一个新的发展阶段，也将我国的测量技术水平带入新的进程。

计量发展的重要前提是科学技术的发展，而计量学的成就，又反过来促进科技的发展。

(2) 计量与国防

计量对国防，特别是尖端的重要性尤为突出。国防尖端系统庞大复杂，技术难度大，精度高，量程大和频带宽，涉及到许多科学技术领域。例如，由于飞行器与地面的距离不断增大，对通讯、跟踪、测轨和定位等都相应地提出了更高的要求。因此，不但要提高科学技术，而且还要建立计量的标准，所以计量在国防尖端技术领域更显得尤为重要。

对国防尖端技术系统来说，工作环境比较特殊，往往要在现场进行有效的计量测试，而且难度较大。因此，在国防建设中，计量测试是非常重要的技术基础，具有明显的技术保障作用，不仅可以节约资金、争取时间，而且还能为指挥员的判断和决策提供可靠的依据。

(3) 计量与工农业生产

计量在工农业生产中都有非常重要的作用和意义。

计量是科学生产的技术基础。从原材料的筛选到定额投料，从工艺流程监控到产品质量的检验，都离不开计量。优质的原材料、先进的工艺设备和现代化的计量检测手段，是现代化生产的三大支柱。

农业生产，特别是现代化的农业生产，也必须有计量来保证，否则不仅不会达到预期效果，反而会造成损失。

(4) 计量与生活

由于商品生产和交换是当代社会的一个特点，所以计量与人民生活、身体健康密切相关。人们日常买卖中的计量器具是否准确，家用电表、水表和煤气表是否合格，公共交通的时刻是否准确，都直接关系到人们的切身利益。

在粮食方面，由于它是人们生活的必需品，粮食直接关系到人们的生存和健康。所以粮食及粮食制品的生产、贮存和加工过程都离不开计量测试。

在医疗卫生方面，计量测试的作用更显出重要性。计量和化验的数据不准，将会产生严重的后果。所以计量与人民的生活无时无刻地相联。

(5) 计量与贸易

在贸易过程中，计量起着很重要的作用。从简单的商品交换，到今天的国际贸易，都离不开计量。不同国家之间的交易，要有公正的、统一的计量器具来保证双方交易的公平合理性。计量可以为产品质量提供保证，是提高商品市场竞争能力的主要技术保障。对于国际贸易计量更是重要手段之一。计量水平的高低已成为衡量一个国家科技、经济和社会发展进步程度的重要标志。世贸组织（WTO）协议签订后，随着我国对外贸易的不断扩展，对计量准确度的要求也将越来越高。

由此可知，计量是科学技术进步和生产发展、贸易公平的重要技术基础。当今世界，任何科学、行业、部门、甚至任何活动，都直接或间接的需要计量。计量水平的高低，已经成为国家科学技术水平的重要标志。

三、计量学的分类

1. 按照专业分类

计量学包括的专业很多，应用十分广泛。目前我国按专业把计量学划分为几何量、温度、力学、电磁、无线电、时间频率、电离辐射、光学、声学、物理化学等10大类。当然，上述划分并不是绝对的。在实际研究和具体计量中，往往并不、也没有必要去严格区分。

（1）几何量计量

几何量计量又称为长度计量，是现代计量科学技术的一个重要组成部分，主要研究表征物体的大小、长短、形状和位置的几何量，它的基本参量是长度和角度，长度的单位是“米”，角度分平面角和立体角，其单位分别为“弧度”和“球面度”。几何量单位具备三个特点：

1）基本性：长度单位“米”在SI中被列为第一个基本单位，许多导出单位都包含长度单位因子，因此不少导出计量基准的准确度在很大程度上取决于长度单位量值的准确度。

2）多维性：物体到形状和位置用坐标空间中的若干点来表示，由三个互相垂直的坐标轴构成的坐标为三维空间，如果在其中再插入角度坐标，还可构成四维、五维、六维坐标。

3）广泛性：几何形状是客观世界中最广泛的物质形态，绝大部份物理量都是以几何量信息的形成进行定量描述的。

（2）温度计量

温度计量就是利用各种物质的热效应，研究测量温度的技术。其内容按照温度计量范围可分为超低温、低温、中温、高温和超高温等。温度计量的单位为“开尔文”，是国际标准单位。温度计量方法可分为直接计量和间接计量。

（3）力学计量

力学计量，其内容极为广泛。包括质量、容量、密度、硬度、力、压力、速度、流量、振动等。其中质量的单位为千克。

（4）电磁学计量

电磁计量就是应用电磁测量仪器、仪表和设备，采用相应的方法对被测量进行定量分析，研究和保证电磁量测量的统一和准确的计量学分支。主要研究内容有：精密测定与电磁量有关的物理常数，确定电磁学单位制，按定义研究、复现和保存电磁学单位的计量基准和标准，研究电磁量的测量方法，研究进行电磁量量值传递的标准量具和专用测量装置，以及研究制定相应的检定系统、检定规程、技术规范等技术法规。电磁学计量包括电压、电流、电阻、电容（或电感）、磁感应强度、磁通和磁矩。

（5）无线电（电子）计量

电子计量是以无线电技术所用全部频率范围内经常遇到而且需要计量的电磁量为对象，换句话说，它是一种有关电磁量单位及其标准的建立、复现、保存和传递的实践活动。其任务是为电子测量提供可信赖的科学依据，通过比较把所建立的单位或量值传递到其他测量器具，以保证电子测量单位量值的准确一致。电子计量具有标准性和法制性。

电子学的发展非常迅速，与之相应的测量器具的更新换代也快，但计量标准（尤其是国家标准器）却相对比较稳定。采用新原理、新技术、新器件和新工艺以建立新的具有更高计量学特性的标准器，是极为重要的工作。

（6）时间频率计量

时间频率计量包括时间和频率的计量。时间的计量单位是秒，频率的单位是赫兹。时间和频率在数学上互为倒数关系。

（7）电离辐射计量

电离辐射计量，在已往称之为放射计量，放射的主要含义是指放射性核素衰变产生的辐射，后来延伸为医学诊断成像技术，而电离辐射是指一切能使物质产生电离的辐射，包含放射计量。电离辐射计量起源于X射线的发现和应用，并随着电离辐射在医学、工业、科研、防护、环保和辐射加工等各个领域的广泛应用而范围逐渐扩大。

（8）光学计量

利用光的投影、折射等手段可以测量、观察机械工具无法测量的复杂物体。它包括：光度计量、辐射度计量、色度计量、激光计量、光学材料的光参数计量、成像系统及光学元件的质量评价等。

（9）声学计量

声学计量是研究物质中声波的产生、传播、接收和影响特性中有关计量的知识领域。

（10）化学（标准物质）计量

化学计量主要包含化学中的测量及计算两个方面。也就是有关化学组成、化学变化中，量和能量的关系及其计算的一种计量形式。其根本出发点是原子论、质能守恒定律及一些化学的基本定律。

化学计量包括反应物和产物量的计算、化学平衡的计算、化学反应速率的计算、化学反应中能量的计算等。

2. 按照学科分类

从学科发展来看，计量是物理学的一部分，或者说是物理学的一个分支。随着科技、经济和社会的发展。计量的概念和内容也在不断地扩展和充实，以致逐渐形成了一门研究测量理论与实践的综合性学科。因此计量学又可按照学科分为：通用计量学、应用计量学、经济计量学等 7 个分支。

1）通用计量学是研究计量的一切共性问题，而与具体被测量的量值无关的计量学部分。

2）应用计量学是研究特定计量的计量学部分，是关于持定的具体量的计量。

3）技术计量学是研究计量技术，包括工艺上的计量问题的计量学部分。

4）理论计量学是研究计量理论问题的计量学部分。

5）品质计量学是研究品质管理的计量学部分。

6）法制计量学是根据技术和法律要求研究法制管理的计量学部分。可以保证公众安全和适应国民经济的计量准确度。

7）经济计量学是研究计量的经济效益的计量学部分。这是近年来人们相当关注的一门边缘学科，涉及面甚广。

3. 国际法制计量组织还根据计量学的应用领域，将其分为工业计量学、商业计量学、天文计量学、医用计量学等。

四、计量学研究的内容

计量学研究的内容包括：

1）计量单位及其基准、标准的建立、复制、保存和使用；

2）量值传递、计量原理、计量方法、计量不确定度以及计量器具的计量特性；

3）计量人员进行计量的能力；

4）计量法制和管理；

5）有关计量的一切理论和实际问题。此外，计量学也研究物理常量、常数和标准物质、材料特性的准确测定。

五、研究石油计量技术的重要性

随着国际经贸活动范围扩大，大量石油及石化产品进出口数量的增加，计量工作在石油工业中逐渐显示出其非常重要的作用。因此，选择科学的计量方式，采用可靠的计量方法、严密的油量计算步骤，降低计量设施投资，消除或减少计量误差，这都是石油计量技术研究的工作。

石油计量工作的主要要求：

1）根据油品进出口贸易和国内销售计量的不同性质，石油、石化企业必须通过经济技术分析，确定建设既满足计量精度要求，又要投资少，而且管理操作方便的计量设施。

2）根据油品的性质，要选择适合于该油品物理性质的计量设备，并且精度符合国家标准要求。

3）根据油品流量计量变化范围，经济、合理地确定流量计的口径并确定其台数。

4）在油品的国际贸易中，油量计算方法，要在符合国家标准且贸易双方同意的前提下，选择有利于本国本企业的方法。

通过计量可以得到石油及其液体产品在收发、输送、销售、加工、库存及盈亏损耗等工作中的基础数据，它是确定企业生产成本、劳动生产率等的重要依据。因此先进的计量技术是石油的生产、加工、购销和管理方面完全必要的技术之一。计量设施先进、方法统一和计量的准确，不仅可以排出贸易双方可能会发生的争议和纠纷，并且在国际贸易中还可以围护国家的权益，树立良好的信誉。了解、掌握和研究石油计量技术是石油计量工作的需要。

六、石油计量主要方式

石油及液体石油产品的计量方式不仅在中国，就世界范围来讲，也只有两大类：一类是静态计量方式，一类是动态计量方式。从发展趋势来看，动态计量方式发展普及较快。研究原因是由于动态计量自动化程度高、连续测量，准确度也相应不断提高，而且也改善了计量人员的工作环境，减轻了其劳动强度。

第二节　石油静态计量

静态计量方式是历史悠久的一种计量方式，尽管应用在油品贸易计量方面的范围有所缩小，但仍占据重要的位置。静态计量方式中有的方法的计量精度相对较高，这是动态计量方法难以达到的。

究竟选择应用哪一种计量方式，那将决定于贸易的性质、油品的物性、油品交易场合、地点、建设投资等综合因素评定后确定。

一、我国石油静态计量方式的发展

新中国成立前，我国的石油工业非常贫弱，最高年产只有12 万吨，而品种仅 17 种。欧美西方向中国倾销大量石油产品，在油品购销计量方面全盘西化，执行英国 IP 标准和美国 API 标准。英、美等国的石油计量主要是采用体积计量法，即以桶和加仑为单位，标准温度为 60℉(15.56℃)，密度采用 API 度。实际计量时，将任意温度下的体积换算到 60℉的体积。

新中国成立后，我国石油工业开始起步。首先恢复和发展了甘肃玉门油田、青海冷胡油田，随后又开发了新疆克拉玛依油田。但是，我国的石油产量还是无法满足我国国民经济迅速发展的需要。随着进口苏联石油数量的增加，我国不再采用英、美等国的石油计量方法，而开始采用前苏联的油品计量方法，即重量计量。

20 世纪 60 年代，根据国家有关部门规定，石油产品重量换算法为一次换算法，就是说要将视密度直接换算到实际温度下的密度，再进行重量计算。从 60 年代初实行对石油密度温度补正系数进行补正后，比较接近实测值，但这种办法计算比较麻烦，没有彻底解决问题。到了 70 年代，根据大量测量数据的校核，得出了我国石油密度温度系数(ν 值)的计算公式，即

$$\nu = 0.002876 - 0.003984\rho_{20} + 0.001632(\rho_2)^2 \quad (8-1)$$

式中　ν——温度系数；

ρ_{20}——标准温度(20℃)下液体密度。

20世纪70年代，随着我国石油勘探的发展，原油产量突破1亿吨，从此我国跨入世界主要产油国家的行列。在这种情况下，石油部颁布《石油产品密度测定法》。该标准解决了石油密度温度系数的问题，确定标准温度为20℃，以及实际密度的计算。

随着我国实行对外开放的政策，对外贸易日益扩大，尤其石油出口量不断增加。因此，国内石油计量方式、油量计算方法与国际石油贸易惯用的方式之间出现矛盾。为了统一我国石油计量、计算方法，向国际标准和国际石油贸易惯用做法靠拢，适应石油及石油产品内销、外贸的需要，国家标准局1980年颁布《石油和液体石油产品密度测定法》(密度计法)和《石油密度计量换算表》。

我国自20世纪80年代初期实行改革开放和以经济建设为中心的方针以来，我国的石油工业也取得很大成绩。但是，石油增产速度较慢(不到1%)，远不能适应国民经济迅速发展的要求。为此，我国从1993年起，为满足国内的需要，开始进口石油。仅1999年，我国进口原油近4000万吨，到2010年估计将达到1亿吨。由于进口石油的增加，我国开始使用国际贸易上通用，而且被国际标准化组织和国际法制计量组织认可的新石油计试表。

二、石油静态计量工具

1. 计量罐

金属油罐种类繁多，既是国内外应用最广泛的储油容器，同时也是计量器具。它具有安全、可靠，耐用、不渗漏、几何尺寸规格、容积检定精度较高、施工方便(除浮顶罐外)等优点。

金属油罐适宜储存各种油品。普通金属油罐的形式主要分立式圆筒型和卧式圆柱型。在石油系统如油田、管道以及炼油厂绝大部分为立式圆筒型。在各地方石油公司及炼油厂、化工厂一些中间产品罐，使用大量的卧式圆柱型罐。

在立式金属罐中，应用最广泛的是拱顶罐、各类浮顶罐(包括单层、双层浮顶罐，内浮顶罐)及少量的衔架顶罐。铁路、汽车油罐车也属于卧式圆柱形罐，但又因为它们又是运输工具，因此把它们从卧式罐类中分离出来。另外，金属球型罐在炼油厂、化工企业也建造很多，在油田也有少部分，主要用于液化石油气的储存。属于压力容器。

关于金属油罐详见第三章。

2. 铁路油罐车

铁路油罐车是散装油品铁路运输的专用车辆。它作为运输工具及特定的计量器有着悠久的历史。无论在油田、炼油化工厂、港口都大量地使用铁路槽车装运，发送各种石油、化工液体产品和原料。同时，作为计量器具，是购销双方液体货物交接数量的依据。

铁路油罐车按其装载油品的性质，可分为轻油罐车和黏油罐车两类。由罐体、油罐附件、底架和行走部分组成。

铁路油罐车严格地讲，主要是运输工具。但由于用户分散、液体货物批量小、没有更先进、更简便的计量方式替代它，因而仍是目前许多液体货物的主要计量器具之一。铁路油罐车作为石油及液体产品的计量器具，有以下四方面严重的缺点：

1）容积计量精度低；

2）铁路油罐车计量过程中受外界环境干扰较大，直接影响到计量结果的准确性；

3）罐体经过一段时间的运转后，以及车辆运行过程中受振动、纵向力、制动力等作用，油罐车体会发生不同程度的变形，直接影响计量的准确性；

4）铁路油罐车装卸油品时，与拱顶金属罐类似，油气蒸发损耗较大。既使品质下降，同时又造成数量的短缺。

因此可以说，使用铁路油罐车作计量器具是比较勉强的办法。

3. 汽车油罐车

汽车油罐车是公路运输液态石油及其产品的专用车，其设计、制造、安装和使用都应符合易燃易爆石油化工产品的安全规定，由专门的设备制造厂生产。这种油罐车由油罐、汽车本身和附属设备三部分组成。油罐罐体为椭圆形，这是根据公路运输油品的流动性特点，并结合车型等设计制造而成的，也可以根据用户的特别要求而制造。汽车油罐车也具有铁路油罐车的缺点。

4. 油船

油船是散装石油及液体石油产品和其他液体货物的水运工具，其船舱也是液体货物的计量器具。

按照有无自航能力，油船可分为油轮和油驳两大类。

油轮有动力设备，可自航，一般具有输油、扫舱、加热以及消防等设施。由于各种石油产品的物性不同，因此对运输不同种类石油产品油轮的要求就不同。油轮吨位大，设施齐全，可在海洋中和航道较深的大江大河中航行。国内海运和内河使用的油轮，可分为三千吨以下、三千吨以上和万吨以上几种。万吨以上用于海上运输原油，三千吨以下用于海上和内河运输成品油。

油驳是指不带动力设备，不能自航的油船。它必须依靠拖船牵引，再利用岸上油库的油泵和加热设备进行装卸和加热油品。油驳按照用途来分可分为海上和内河两类。油驳吨位较小，可在江河中浅航道上航行，而且在内河里运距较远。我国的油驳一般都在内河使用。

油船用来装油的容器称为油舱。油船舱计量是世界上通用计量方式之一。

油船内油品的计量主要有两种方法：一种是水尺计重法；另一种是船舱检尺计量法。

水尺计重是通过对承运船舶之排水量及船用物料的测定，依据船舶的准确图表来计算载重物重量的一种方法。因为是根据阿基米德原理，通过测定船舶吃水求得船体之相应排水量进行计重，故称为水尺计重法。

水尺计重是一种科学的计量方法，具有一定的准确性，已为国际公认。计算结果可作为商品的交接结算、处理索赔、计算运费和通关计税的依据。

船舱检尺计量法是油船另一种计量方法就是船舱检尺计量法。这种方法与立式金属油罐计量方法大致相同，也是测量舱内油品的深度或空距、温度。根据液位计算出油品体积，再根据密度计算出舱内油品的质量。

5. 衡器

衡器是用来称量物体重量的计量仪器，如秤、天平等。

衡器计重应根据不同商品的特点、批量、包装、运输和价值等因素，采用不同的计重方式。但最为普遍使用的应属衡器计重方法。

衡器计重属于静态计量方式范畴。衡器由于在称量过程中操作方便，干扰因素少，精确度高而得到广泛的应用。在石化行业的产品销售及国家进出口商品贸易中，对于像桶装石化产品一类的小包装商品来说可使用各类秤；对于像液化石油气一类的整车商品则要使用地衡、轨道衡进行计重(也可称质量计量)。

石油静态计量包括容器计量和衡器计重两大部分。容器计量指的是金属油罐、铁路油罐车、汽车油罐车和船舶，其基本原理是一致的，计量方法也基本相似，只是在计量器具的形式、所装油品的种类和内销外贸的场合等存在差异。

第三节　石油动态计量

一、概述

虽然石油计量分为静态和动态计量，但基本原理是相同的，都是把一个未知的量与一个已知的量相比较，确定其量值的多少。所谓石油动态计量，是指被测量的石油及液体石油产品连续不断地通过计量仪器或仪表，而被其测量数量包括体积或质量的过程。

被用于连续测量石油体积或质量数量的计量仪器主要指的是各种类型的流量计。

用以测量流体流量的器具统称为流量计，流量测量按测量目的分为累积测量和瞬时测量。其仪表分为累积流量计和瞬时流量计。累积式流量计用于测量一段时间内流过管道的流体总量，在数值上等于瞬时流量对时间的积分。

瞬时流量计通常亦备有累积流量的装置，是短时间内单位时间流过的流体量。

流量测量的发展可追溯到古代的水利工程和城市供水系统。古罗马凯撒时代已采用孔板测量居民的饮用水水量。公元前1000 年左右古埃及用堰法测量尼罗河的流量。我国著名的都江堰水利工程应用宝瓶口的水位观测水量大小等等。17 世纪托里拆利奠定差压式流量计的理论基础，这是流量测量的里程碑。自那以后，18、19 世纪流量测量的许多类型仪表的雏形开始形成，如堰、示踪法、皮托管、文丘里管、容积、涡轮及靶式流量计等。20 世纪由于过程工业、能量计量、城市公用事业对流量测量的需求急剧增长，才促使仪表迅速发展，微电子技术和计算机技术的飞跃发展极大地推动仪表更新换代，新型流量计如雨后春笋般涌现出来。至今，据称已有上百种流量计投向市场，现场使用中许多棘手的难题可望获得解决。

我国开展近代流量测量技术的工作比较晚，早期所需的流量仪表均从国外进口。随着我国石油及石油产品进出口数量的日益增加，各有关部门、企业都加强了石油流量计量仪器仪表的研制。尽管成套原油计量仪表尚存在不同程度的不足，但是这项研制工作毕竟为我国的石油流量计量工作打下了基础。

尽管如此，由于流量测量技术的复杂性，向流量计量提出更新更高的要求；流量计量的现状远不能满足生产测量和贸易计量的需要，还有大量的流量计量技术问题有待进一步研究解决。

一般流量计可以应用在以下几个领域中：

1）工业生产过程，流量仪表是过程自动化仪表与装置中的几类仪表之一，它被广泛应用于冶金、电力、煤炭、化工、石油、交通、建筑、轻纺、食品、医药、农业、环境保护及人民日常生活等国民经济各个领域，是发展工农业生产，节约能源，改进产品质量，提高经济效益和管理水平的重要工具，在国民经济中占有重要的地位。

2）能源计量，能源计量是科学管理能源，实现节能降耗，提高经济效益的重要手段。流量仪表是能源计量仪表的重要组成部分，水、人工燃气、天然气、蒸汽和油品这些常用的能源都使用着数量极其庞大的流量计，它们是能源管理和经济核算不可缺少的工具。

3）环境保护工程，烟气、废液、污水等的排放严重污染大气和水资源，严重威胁人类生存环境。空气和水的污染要得到控制，必须加强管理，而管理的基础是污染量的定量控制。

4）交通运输，有五种方式：铁路公路、航空、水运和管道运输。其中管道运输虽早已有之，但应用并不普遍。随着环保问题的突出，管道运输的特点引起人们的重视。管道运输必须装备流量计，它是控制、分配和调度的眼睛，亦是安全监控和经济核算的必备工具。

5）生物技术，21 世纪将迎来生命科学的世纪，以生物技术为特征的产业将获得迅速发展。生物技术中需监测计量的物质很多，如血液，尿液等。仪表开发的难度极大，品种繁多。

6）科学实验，科学实验需要的流量计不但数量多，且品种极其繁杂。据统计流量计 100 多种中很大一部分是应科研之需用的，它们并不批量生产，在市面出售，许多科研机构和大企业皆设专门小组研制专用的流量计。

7）海洋气象，江河湖泊，这些领域为敞开流道，一般需检测流速，然后推算流量。流速计和流量计所依据的物理原理及流体力学基础是共通的但是仪表原理及结构以及使用条件有很大差别。

二、动态计量的三种方式

第一种方式是使用仪器、仪表自动测量并分析测定油品的体积计量、试样采取及密度值、含水率等相关的化验分析项目，并采用微机进行数据处理、计算并打印出油品质量。这种计量方式主要应用在原油商品计量方面。

由于在计量过程中全部实现了仪表化、自动化不仅提高了油品计量的准确性，而且减轻了工作人员的劳动强度。但是由于实现了仪表自动化，既要求操作人员的有较高的技术水平；又要求能够对仪表、微机及时进行维护和管理，并且出现故障要立即排除。此外，由于这种计量方式需要配备的仪器和仪表比较多，不仅增加了相应的投资，而其维修设备的费用也比较多。

第二种方式是利用质量流量计直接测出被测油品的质量。流量计必须采用不受测量介质的温度、压力、密度、黏度等参数变化影响质量流量计。这种计量方式主要用于轻质成品油的质量计量。该种计量方式计量环节少，精度和稳定度较高。维修工作量少，节省人工成本。自动化程度高，减轻了岗位人员的劳动量。

第三种方式是采用流量计计量油品体积量，而贸易合同中规定的化验分析项目和其他测量值，例如，密度值、含水率等要用人工的方法进行测定，最终由人工手算计算出标准条件下的油品质量。主要应用于原油、成品油内销及外贸出口。由于这种方式计量环节和误差因素较多，而且自动化程度相对低，工作量比较大。

三、流量计主要技术指标

1. 流量范围

指流量计可测的最大流量与最小流量的范围。正常使用条件下，在该范围内的测量误差不超过允许值。

2. 量程和量程比

流量范围内最大流量与最小流量值之差称为流量计的量程。最大流量与最小流量值的比值称为流量计的量程比。

3. 测量范围参数

流量范围、量程和量程比都是描述流量计测量范围的参数。

4. 允许误差和准确度等级

流量计在规定的正常工作条件下允许的最大误差，称为流量计的允许误差。允许误差可用绝对误差、相对误差表示。流量计的允许误差多用最大相对误差表示。

绝对误差 = 指示值 − 检定值

相对误差 = 指示值绝对误差/计量检定值

流量计示值接近于被测流量真实值的能力，称为流量计的准确度。按准确度大小级别称为流量计的准确度等级。流量计的准确度等级是评价流量计质量优劣的最重要技术指标之一，其数值越小，表准确度等级越高，其准确度也越高。

5. 灵敏度

流量计对被测流量值变化的反应能力。对于给定的被测流量值，流量计的灵敏度 S 用被测流量变化增量 ΔQ 与流量计指示增量 ΔL 之比表示：$S = \Delta L/\Delta Q$。灵敏度是评价瞬时流量计和具有脉冲输出的流量计性能的一个参数。

6. 稳定度

在规定工作条件内，流量计的某些性能随时间保持不变的能力。稳定度是评定流量装置性能优劣的一个重要参数。稳定度通常用极限相对误差表示。

7. 重复性

流量计的重复性是指在同一工作条件下流量仪对同一被测量多次重复测量，其示值相互不一致的程度。重复性表示仪表随机误差的大小。

8. 压力损失

流体流过流量计及与流量计配套安装的其他阻力件时所引起的不可恢复的压力值。流量计的压力损失通常用流量计的进口与出口之间的静压表示。压力损失小，流体能耗小，输送流体动力要求小，测量成本低。反之，流体能耗大，输送流体动力要求大，测量成本高，相应降低了经济效益。

9. 耐压强度

流量计应能承受试验压力下历时5min的耐压强度检验而不损坏，并且无渗漏。

10. 过载能力

流量计应能承受短时内流量超过上限值10%的过载，流量经历过载后恢复到范围内，流量计的基本误差和重复性误差均符合规定的要求。

四、石油动态计量器具

石油动态计量使用的仪器为流量计。流量计的分类方式有很多种

流量测量方法和仪表的种类繁多，分类方法也很多。至今为止，可供工业用的流量仪表种类达60种之多。品种如此之多的原因就在于至今还没找到一种对任何流体、任何量程、任何流动状态以及任何使用条件都适用的流量仪表。

这60多种流量仪表，每种产品都有它特定的适用性，也都有它的局限性。

按测量对象划分就有封闭管道和明渠两大类。

按测量目的又可分为总量测量和流量测量，其仪表分别称作总量表和流量计。总量表测量一段时间内流过管道的流量，是以短暂时间内流过的总量除以该时间的商来表示，实际上流量计通常亦备有累积流量装置，做总量表使用，而总量表亦备有流量发讯装置。因此，以严格意义来分流量计和总量表已无实际意义。

按测量原理分，有容积式（如腰轮流量计）、速度式（如涡轮流量计）、质量式、差压式等。

按照目前最流行、最广泛的分类法，可分为：容积式流量计、差压式流量计、浮子流量计、涡轮流量计、电磁流量计、流体振荡流量计。

目前，我国主要采用的流量计为容积式流量计、速度式流量

计、质量式流量计。这三类流量计的技术性能不同，因此流量测量的适用的条件、介质不同。一般来说，容积式流量计使用范围广，不仅广泛地应用于原油、汽油、柴油、低压天然气及煤气的体积流量计量，而且也用于酒类、食用油、及水的计量、介质黏度高、低均可。

而速度式流量计一般只适用于轻质油品的计量。质量流量计在我国使用时间不长，目前也主要应用于轻质油品的计量。

1. 容积式流量计

容积式流量计，又称定排量流量计，简称 PD 流量计，在流量仪表中是精度最高的一类。它利用机械测量元件把流体连续不断地分割成单个已知的体积部分，根据测量室逐次重复地充满和排放该体积部分流体的次数来测量流体体积总量。

容积式流量计按其测量元件分类，可分为椭圆齿轮流量计、刮板流量计、双转子流量计、旋转活塞流量计、往复活塞流量计、圆盘流量计、液封转筒式流量计、湿式气量计及膜式气量计等。

(1) 优点

① 计量精度高；

② 安装管道条件对计量精度没有影响；

③ 可用于高黏度液体的测量；

④ 范围度宽；

⑤ 直读式仪表无需外部能源可直接获得累计，总量，数据清晰明了，操作简便。

(2) 缺点

① 结果复杂，体积庞大；

② 被测介质种类、口径、介质工作状态局限性较大；

③ 不适用于高、低温场合；

④ 大部分仪表只适用于洁净单相流体；

⑤ 产生噪声及振动。

2. 速度式流量计

以各种物理现象直接测量封闭管道中满管流的液体流动速

度，再进一步计算出流体流量的流量计称为速度式流量计。

速度式流量计测量准确度高（通常在±0.2%以内），而且在线性流量范围内，既使流量有所变化，也不会降低累计准确度。它的量程（最大和最小线性流量比）大，适合于流量大幅度变化的现象配比系统，且惯性小，反应快。温度范围宽，适合于液体在各种温度状态下计量。其输出的数字信号与流量成正比，不降低流量准确度，又适应自动化要求，便于远距离传送和数据处理，能承受高压，压力损失小。为保证管道截面积上的流速均匀，安装要求较高，其进出口处的前后的直管段应分别不小于变送器通径的20倍和15倍。因此在石油系统有很大的发展前景。速度式流量计包括涡轮流量计、涡街流量计、旋进旋涡流量计、电磁流量计、超声波流量计等。

3. 质量式流量计

质量流量计直接测量通过流量计的介质的质量流量，还可测量介质的密度及间接测量介质的温度。由于变送器是以单片机为核心的智能仪表，因此可根据上述三个基本量而导出十几种参数供用户使用。质量流量计组态灵活，功能强大，性能价格比高，是新一代流量仪表。

在被测油品处于压力、温度等参数变化很大的条件下，若仅测量体积流量，则会因为流体密度的变化带来很大的测量误差。在容积式和差压式流量计中，被测油品的密度可能变化30%，这会使流量产生30%～40%的误差。随着自动化水平的提高，许多生产过程都对流量测量提出了新的要求。化学反应过程是受原料的质量（而不是体积）控制的。蒸气、空气流的加热、冷却效应也是与质量流量成比例的。产品质量的严格控制、精确的成本核算、飞机和导弹的燃料量控制，也都需要精确的质量流量测量。因此质量流量计是一种重要的流量测量仪表。

质量流量计可分为两类：一类是直接式，即直接输出质量流量；另一类为间接式或推导式，如应用超声流量计和密度计组合，对它们的输出再进行乘法运算以得出质量流量。

直接式质量流量计有多种类型，如量热式、角动量式、陀螺式和双叶轮式等。

4. 影响流量计准确性的因素

用流量计计量油品虽然操作方便，节省劳力，但如果选型或使用不当，会造成很大误差。计量准确度是测量结果中系统误差与随机误差综合，而影响流量计计量准确度有诸多因素：

1）空气。根据实践经验证明，管内空气受液体压力推动流量仪表的转子空转，产生计数器数字与实际流动油料不符的现象，使计量不准。

2）介质。就是液体的性质、密度、黏度等。例如出厂校正时使用的是水，使用时是计量石油产品，或者校正时用的是柴油，使用时是计量汽油，这都会影响流量仪表的计量精度。

3）磨损。流量仪表的使用时间过长，配合零件之间就会有磨损，而且介质不净也会加快磨损，磨损程序直接影响精度。

4）温度。温度的变化影响到黏度性能曲线的改变和介质体积的变化，同时还引起仪表计量室的容积和转子与壳体之间的间隙变化，所以温度可能影响流量仪表的计量精度和正常工作状态。

5）黏度。被测介质的黏度变化，对任何形式的流量计都会产生影响，因为黏度是阻止流体流动的一种性质。

6）压力。流量计发油，必须在一定的压力下进行。压力损失的特征是：压力损失随流体流量的增大而增加，黏度越高的流体，其压力差越大。由于流体入口与出口间形成的压力差，也影响到计量准确与否。压力差越大，泄漏量越大，因此，流量计选型应考虑这一因素。

7）流量。在流量较小时，由于流量计进出口的差压小，转子转速低，泄漏量大，误差较大；在大流量时，由于转子的回转力矩大，转速高也造成泄漏量大，误差也较大。所以，为了保证流量计处在最佳工作状态下，要选择流量范围适当的流量计。

参考文献

1 郭光臣，董文兰，张志廉编．油库设计与管理．北京：石油大学出版社，2005
2 樊宝德，朱焕勤编．油库设计手册．北京：中国石化出版社，2007
3 曾强鑫编．油品计量基础．北京：中国石化出版社，2003
4 潘丕武主编．石油计量技术基础．北京：海洋出版社，2001
5 范继义主编．油罐．北京：中国石化出版社，2006
6 吴世奎编．石油储运基础知识．北京：中国石化出版社，2006
7 李淑培主编．石油加工工艺学．北京：中国石化出版社，2006
8 杨筱蘅主编．输油管道设计与管理．北京：中国石油大学出版社，2006
9 杨筱蘅，张国忠编著．输油管道设计与管理．北京：石油大学出版社，2004
10 曲慎扬编著．原油管道工程．北京：石油工业出版社，1991
11 曾多礼编著．成品油管道输送技术．北京：石油工业出版社，2002
12 严大凡，张劲军编著．油气储运工程．北京：中国石化出版社，2007
13 郭光臣等编著．炼油厂油品储运．北京：中国石化出版社，1999

《应急管理系列丛书》

编　委　会

前　言

近年来，一些特别重大突发事件频繁发生，例如“12·23”开县井喷事故、“11·22”黄岛原油管道泄漏爆炸事故、“8·12”滨海新区危化品仓库爆炸事故等，给人们的生命安全、生存环境和财产造成了巨大的损失，同时也造成了极大的社会影响。国家和地方政府高度重视，出台了一系列应急法律法规、国家标准、行业标准和地方标准，规范应急预案的编制管理、应急演练的组织评估、应急物资装备的配备维护、应急管理的推进提高等工作。

如何应对和处置突发事件，是人类社会面对的重要课题。为了防止和减少生产安全事故，保障人民群众生命和财产安全，针对政府和企事业单位日常应急管理和突发事件的处置，编者结合情景构建的最新要求，采用底线思维的方法，对事故风险进行评估，对政府和企业的应急资源进行调查，对政府、专业救援队伍和企业应急能力进行分析，对应急预案进行评估完善，对我国的生产经营单位应急预案编制、应急演练策划、应急物资整备、应急培训、应急指挥和处置技术进行了全面的归类梳理，编写成了《应急管理系列丛书》，包括：《情景式应急演练策划与组织》《情景式应急预案编制与管理》《应急物资装备与应急人员培训》《应急指挥与处置》《应急处置案例分析》五个分册。

本册为《情景式应急演练策划与组织》。重大突发事件情景实质上是反映行政区域或生产经营企业的最主要风险，情景构建是结合大量历史案例研究、工程技术模拟对某类突发事件进行全景式描述(包括诱发条件、破坏强度、波及范围、复杂程度及严重后果等)，并依此开展应急任务梳理和应急能力评估，从而完善应急预案、指导应急演练，最终实现应急准备能力的提升。重大突发事件情景凝练集成了应急响应的主要活动，可为应急演练情景设计提供可衡量的依据，对应急演练情景的规划、设计具有一定的指导作用。复杂的应急演练情景一般采用“串联结构”和“并联结构”设计方法，由此策划、组织和评估应急演练是本书重点内容。

由于水平有限和时间仓促，书中不妥之处请各位提出宝贵意见和建议，以便再版时修正。

目录 CONTENTS

1 定义与术语

2 重大突发事件情景构建

3 应急演练

4 应急演练评估与总结

5 如何做好应急演练工作

6 演练通用程序

附录

参考文献

1 定义与术语

突发事件 是指突然发生，造成或者可能造成严重社会危害，需要采取应急处置措施予以应对的自然灾害、事故灾难、公共卫生事件和社会安全事件。

事故情景 针对生产经营过程中存在的危险源或有害因素而预先设定的事故状况(包括事故发生的时间、地点、特征、波及范围以及变化趋势等)。

演练情景 根据应急演练的目标要求，按照事故发生与演变的规律，事先假设的事故发生发展过程，描述事故发生的时间、地点、状态特征、波及范围、周边环境、可能的后果以及随时间的演变进程等内容。

应急演练 针对事故情景，依据应急预案而模拟开展的预警行动、事故报告、指挥协调、现场处置等活动。

综合演练 针对应急预案中多项或全部应急响应功能开展的演练活动。

单项演练 针对应急预案中某项应急响应功能开展的演练活动。

现场演练 选择(或模拟)生产经营活动中的设备、设施、装置或场所，设定事故情景，依据应急预案而模拟开展的演练活动。

桌面演练 针对事故情景，利用图纸、沙盘、流程图、计算机、视频等辅助手段，依据应急预案而进行交互式讨论或模拟应急状态下应急行动的演练活动。

应急演练评估 围绕演练目标和要求，对参演人员表现、演练活动准备及其组织实施过程作出客观评价，并编写演练评估报告的过程。

应急准备 针对可能发生的事故，为迅速、科学、有序地开展应急行动而预先进行的思想准备、组织准备和物资准备。

应急响应 针对发生的事故，有关组织或人员采取的应急行动。

应急救援 在应急响应过程中，为有效控制事故，防止事故扩大，最大限度地降低事故造成的损失或危害而采取的救援措施或行动。